NATIONAL GEOGRAPHIC · 美 国 国 家 地 理 ·

万物有灵

意大利白星出版公司 / 著　文铮　谭钰薇　刘书含　袁茵　周浩然 / 译　陈瑜 / 审

电子工业出版社
Publishing House of Electronics Industry
北京·BEIJING

大自然的建筑师

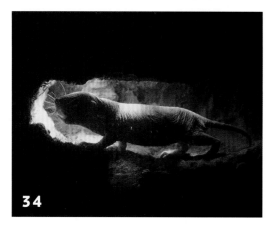

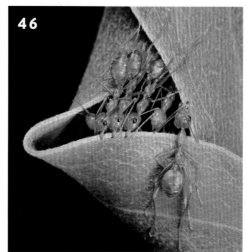

群居生活

动物世界的怪咖

陆地上的怪咖 167

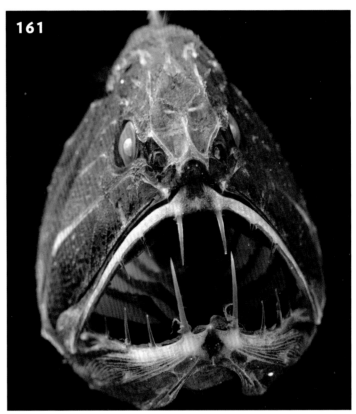

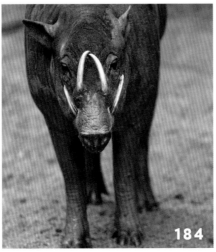

动物世界的冠军

奇特的世界纪录

243

246

267

272

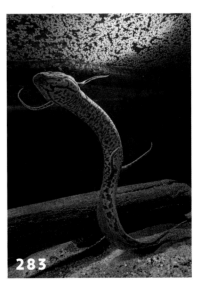

283

动物的智能

动物的创造性

1 / 大自然的建筑师

概 述

动物们的杰作

在大千世界的自然风貌中尽情徜徉时，我们可能会为美得无与伦比的现象和事物着迷，有时还会感受到一种近乎完美的和谐。而走进人类聚居区后，我们会发现风景发生了翻天覆地的变化，自然景观被人造建筑取而代之，尽管这些建筑通常都不是天然形成的，但仍然令人们对设计者的智慧感到敬畏和钦佩。然而，人类并非唯一能证明自己是娴熟的建筑师的动物，事实上，许多其他物种都能够建造洞穴和庇护所，有时候还相当壮观，和那些真正的名胜古迹不相上下。在这次探寻"大自然的建筑师"之旅中，我们将会看到这些能工巧匠有多么厉害，它们能够把一个简单的庇护所变为名副其实的艺术作品。

隐蔽的巢穴还是展出的杰作？

我们首先要认识一些生活得很精致的动物，它们会在自己的生命周期中建造巢穴或庇护所，并不断增加装饰品，哪怕并非出于必要。它们是以美丽的外壳而闻名的腹足纲软体动物，以及乌龟。接下来，我们还会了解一些脚踏实地的动物，它们会勤勤恳恳地工作以换取一个实用而舒适的居所。其中，有些成员甚至毫不炫耀自己的成就，将辛劳的成果全都埋在地下，它们的目的正是隐藏在一个安全又舒适的巢穴里，不让自己被注意到，或

被捕食者发现。裸鼹形鼠是这方面的专家之一，它们能挖出无数隧道组成地下网络，将用于休息和繁殖等特定活动的各种空间连接起来。还有些动物不仅对自己辛苦搭建的庇护所毫不隐藏，反而还小心翼翼又迫不及待地展示它们，以便吸引与之繁衍后代的伴侣，从而孕育新的生命。有些鸟类的情况就是如此，如欧亚攀雀和织布鸟，它们通常被称为"纺织工"，因为它们能够将植物纤维和其他材料编织在一起，筑造出无比美丽的鸟巢。

无脊椎动物，如社会性昆虫也是动物界中最熟练的建筑师。有些昆虫，如织叶蚁能用自己产生的丝线将树叶相互连接起来，建造庇护

所；有些昆虫则能打造出精致的几何居所，容纳成千上万的成员；还有些昆虫甚至能像白蚁一样，造出名副其实的"摩天大楼"来对抗地心引力。毫无疑问，泥土是最适合造型和修缮的材料之一，对此，泥瓦工再清楚不过了，淘土工泥蜂也是如此。还有些鸟类也非常善于建筑，如毛脚燕和粉红的红鹳。最后应该指出的是，并不只有土壤和植物才能作为筑巢材料，有些生物还能造出泡沫或丝绸的巢穴来显示自己独特的创造力，如斗鱼和十字园蛛。

群居生活

花费大量时间和精力打造完理想的庇护所后，动物们必须考虑一个问题——如何才能远离捕食者。有些动物为避免敌人入侵，会尽可能让它们建筑的外观与周围的环境融为一体，假若巢穴和环境别无二致，那么这个策略就能获得成功，但这也绝非易事。因此，在某些情况下，它们会将巢穴建在靠近自己同类的地方，这样就可以得到集体的关照。假若邻居发出警报，那么就会惊动聚居区的所有成员。

■ 第10～11页图：一只黑啄木鸟（Dryocopus martius）正在打通树干来筑巢。

■ 第12页图：一只欧亚攀雀（Remiz pendulinus）正在筑巢。

■ 右图：一些织叶蚁正在合力接近叶片边缘，树叶是筑巢的基础。

还有些动物认为，不建造那么多单独的小巢穴，而是建造一个有着许多房间的大巢穴可能更加方便。假若建造一个大巢穴，供群体内不同成员使用，那么不仅能够让整个集体共享防御系统，相互看守以保障安全，还能够共享更加优质的生活条件。例如，对于生活在炎热气候环境中的生物而言，只有采用这种办法，才能避免暴露在高温之下，从而存活下来；相反，寒冷的夜间它们也能设法相互取暖。

群织雀和其他织雀一样，也能够建造群居巢穴，其中不仅有它们白天经常光顾的凉爽区域，也有热量保留时间较长的区域，可以在夜间供它们舒适地取暖。然而，在某些情况下，我们几乎可以笃定地说，在这些"天然城市"的建筑师中，冠军非蚂蚁和白蚁莫属，这些社会性昆虫有时能够建造出巨大的建筑，内部还隐藏着如地下温室等令人惊艳的结构。不幸的是，尽管它们的建筑才能非常出色，同时还拥有非凡的自卫技巧，它们仍然无法躲避捕食者的攻击。

▓ 左图：普通鸬鹚（Phalacrocorax carbo）经常在附近的树上筑巢，形成名副其实的飞禽区。

▓ 上图：有些种类的白蚁可以筑造规模巨大的白蚁丘。

▓ 第18～19页图：墨西哥的里奥拉加托斯景区内有许多美洲红鹳（Phoeni-copterus ruber）的巢穴，非常引人注目，其中还有些无人照看的鸟蛋。

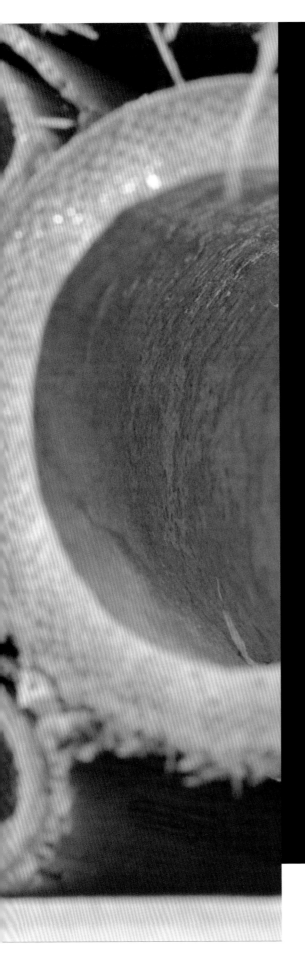

各式各样的家

　　动物们的建筑才能的确令人惊叹。有些情况下，它们要花费大量的时间和精力来打造精巧别致的巢穴，它们千辛万苦的成果虽然也许看起来相当怪异，但无疑是非常实用的。巢穴的形状、大小和材料都是动物们精心挑选的，为的是给建造者及其未来的家庭创造一个能够长期使用的住所，这些住所甚至可以连续使用好几年。建筑工作通常包括两个步骤：首先要搭建框架，将各种类型的树枝和荆棘巧妙地编织在一起，然后再开始考虑如何让巢穴更加舒适，在里面铺上草、苔藓、毛发或羽毛。还有些动物会在地下为自己挖住所，这种情况下，最能派上用场的技巧就要数力量和耐心。另外，还有些动物比较幸运，因为它们天生就拥有"移动居所"，它们的房子也是它们身体的组成部分。

左图：一只切叶蜂（*Megachile*）正从它建在一根竹竿里的巢穴内向外观望。

移动的居所

有些动物非常幸运，它们不必考虑去何处寻找最优质的材料来给自己建造家园，因为它们拥有与生俱来的天然艺术品作为居所，而其他动物则需要完成艰苦卓绝的工作。它们总是背负着保护壳，这些壳有时看起来有些抽象，有时看起来像马赛克。

腹足纲的外骨骼

腹足纲（Gasteropoda）是一类软体动物，它们在进化过程中取得了令人难以置信的成果，使得今天我们可以在地球上许多水生和陆生环境找到它们。这类无脊椎动物既包括配备坚硬外骨骼或外壳的动物，也包括看起来没有外骨骼的动物，后者的外骨骼位于身体内部，只剩下一小块。从实用角度看来，外壳的重要性显而易见，它是一种重要的保护结构，捕食者来临时，可以供动物在其中避难。因此，外壳必须质地坚实且结构优良，能够

承受一定压力，不易断裂。某些情况下，外壳的开口部位有厣（壳盖），闭合时软体动物就能将自己关在壳里，就像真正关上房门那样。腹足类动物身体中专门用于建造外壳的部分称为"外套膜"，是位于背部的一处体壁皱，能分泌对建造"移动居所"有用的物质。观察该结构内部，我们发现，最内层与动物身体直接接触，由珍珠质组成；第二层则由基质蛋白质、贝壳素和碳酸钙棱柱组成。另外，许多情况下，壳的最外层是角质层，又称为"外壳膜"，不仅可以抗磨损，还可以显现出多种颜色来美化

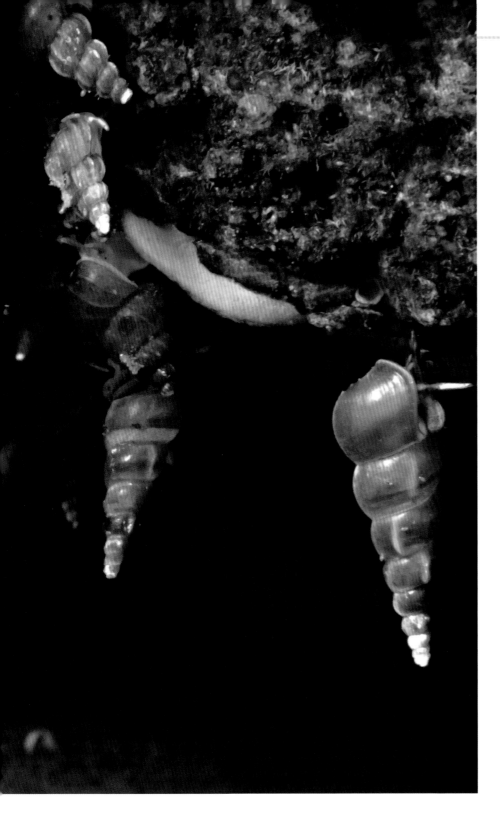

第16~17页图：一只古巴彩绘蜗牛枚红缘亚种（*Polymita picta roseolimbata*）正在展示它鲜艳又结实的外壳。

左图：坚固的外壳虽是安全的庇护所，但要移动起来也的确费劲，图中这一群贝加尔塔螺（*Baicalia turriformis*）就遇到了困难。

渐增长的身体。这些"移动居所"通常色彩缤纷，表面有孔槽和突起作为漂亮的装饰，因此它们也常被人们收集起来，制成饰品和挂件来展示和炫耀。有些物种还存在种内变异，因此经常会看到许多样本的外壳颜色各不相同，争奇斗艳，如古巴彩绘蜗牛（*Polymita picta*）和贝加尔塔螺（*Baicalia turriformis*）。另一类软体动物拥有和腹足纲非常相似的房子，不过，它们是双壳纲动物，这些动物具有两片外套膜及两片贝壳，通常相互对称，中间由位于壳顶的活动铰链连接。这些无脊椎动物固着生活，即将自己固定在岩石上，很少移动，不过有些动物，如朝圣海扇蛤（*Pecten jacobaeus*）能够通过打开和关闭外壳来移动，因此产生的小水流，让它们能够跳跃着前进。

乌龟的甲壳

另一类动物从出生起就拥有自己的家，它们是龟类。这些爬行纲动物有个特殊的保护壳，通常称作"龟壳"。这种壳和腹足纲或双

外骨骼。

几乎所有种类的腹足类动物的外壳都是右旋的，即它们看起来像是围绕一根轴向右盘旋，且管道的直径不断增加。而左旋螺或左右双螺旋的情况则较为少见。螺壳的种类非常丰富，一般形状近似于圆锥形、球形或环形。在出生时，这类软体动物就有只小壳，随着时间推移，壳越长越大，以便能够容纳逐

壳纲动物的外壳看上去非常相似，但它们的共同点只有都能提供保护作用，实际上，这两种壳的结构完全不同。龟壳由背甲和腹甲两部分组成，二者成分均为骨骼元素和角蛋白。角蛋白具有"盾牌"的作用，我们的头发与指甲也由这种材料组成。

背甲是龟类身上最为明显的部分，由脊椎和肋骨延伸扩展，通过来源于表皮的角质板相互融合而成。角质板覆盖在骨板的外部，称为"盾片"，能够强化结构，使之更加坚韧，难以被捕食者破坏。盾片的形状与排列有助于人们识别不同的龟类物种。通常情况下，盾片呈现规则的几何多边形，如六边形或五边形，而其他情况下，它们的形状非常不规则。辐射陆龟（*Astrochelys radiata*）是马达加斯加的特有物种，它的背甲突起，表面有几块黄色的斑块，斑块周围有数量不等的同色射线，形成特有的辐射状图案，非常奇特。辐射陆龟的体型中等，实际上，它们的背甲长度可以达到40厘米左右。在许多叫得上名字的物种中，还有种龟

▧ 左图：这只辐射陆龟（*Astrochelys radiata*）的背甲上能够看到经典的淡黄色辐射状图案。

▧ 上图：红腿陆龟（*Geochelone carbonaria*）的背甲上有黄色、红色或橙色等不同颜色的图案。

▧ 第28~29页图：有时候，一些龟类会在水中歇息，它们的背甲可能被误认作小岛。

的背甲同样非常漂亮，大小和前者相近，它们是生活在南美洲和加勒比海部分海域的红腿陆龟（*Chelonoidis carbonarius*）。红腿陆龟的背甲相当别致，壳形偏长，底色通常为深色，上面装饰着黄色、橙色与红色等各种颜色的图案。

龟鳖目包括各种像乌龟这样的爬行动物，其中最令人瞩目的是那些具有特殊尺寸的物种，其中最著名的要数加拉帕戈斯象龟（*Chelonoidis niger*）。这种龟成年样本的体长可超过150厘米。虽然它们没有色彩鲜艳的背甲，但是庞大的体型依然能给人们留下深刻印象，让观者惊叹于它们厚重的力量感。

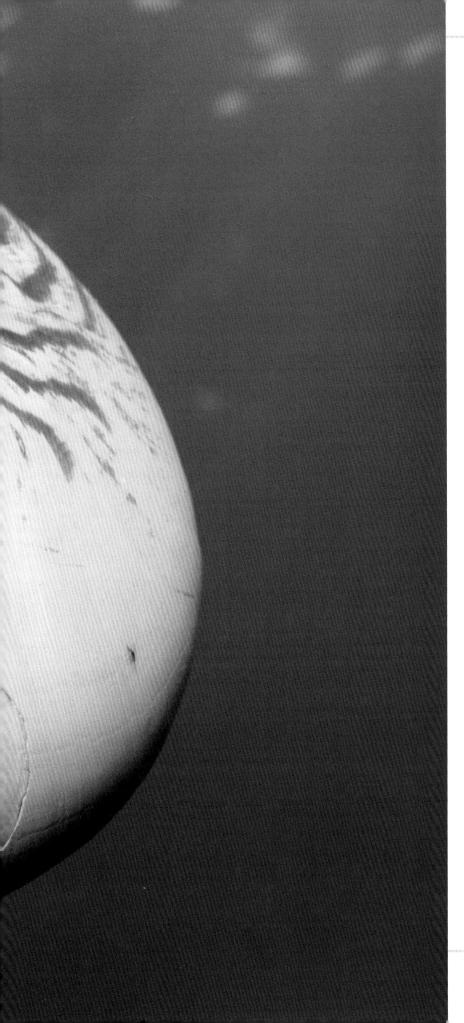

聚焦 神奇的鹦鹉螺

　　海洋中生活着许多头足类软体动物，其中最奇特的要属鹦鹉螺，它们的外壳呈螺旋形盘卷，在很多方面同腹足纲动物更加相似。鹦鹉螺的壳和蜗牛壳的外形看上去十分相似，但内部结构完全不同。事实上，蜗牛的壳相当于一根盘绕在它身体周围的"管道"，能容纳和保护它的整个身体，而鹦鹉螺的壳中间有多处隔断，称为"隔膜"，像垂直的墙壁，将身体大部分都阻挡在外。鹦鹉螺壳中的每层隔膜上都有个小孔，其间能够穿过细小的肌肉管，这些小管为室管，参与鹦鹉螺在水中纵向垂直移动的运动机制。实际上，室管能产生富含氮气的气体，该气体一旦注入螺壳的各个腔室，就能把其中储存的水挤压出来，从而减轻重量，增加浮力。如果鹦鹉螺想回到大海的更深处，那么就只需要执行相反的程序即可：室管将产生的气体重新吸入，让海水注入腔室，增加壳内重量，使身体逐渐向下沉降。几百万年来，这种小动物都是用如此巧妙的技术实现上下沉浮的，如今潜水艇应用的原理恰恰源于它们的智慧。

　　左图：珍珠鹦鹉螺（*Nautilus pompilius*）有着神秘的魅力，宛如一艘名副其实的活潜艇。

■ 上图：一只毛翅目（Trichoptera）蛾类的幼虫正从它的管状外壳中探出头来。
■ 右图：菱形沼石蛾（*Limnephilus rhombicus*）能利用干燥的植物纤维建造出大房子。

石蛾的外壳

有些动物需要自己动手建造移动居所。毛翅目（Trichoptera）昆虫通称为石蛾，是几乎遍布世界各地的一大昆虫门类。它们属于无脊椎动物，特点是幼虫阶段为水生或半水生，通常生活在河流、湖泊或池塘里。许多石蛾物种的幼虫自出生起就能够建造相当坚固的庇护所，以保护它们柔软的身体不受捕食者伤害，或防止自己承受过大的水压。石蛾幼虫的巢壳巧夺天工，非常精巧，体现了高超的建筑技巧和艺术品位。建造时，幼虫先用丝线编织出管状框架，作为庇护所的基础；接着，它们四处寻找材料，从外部添砖加瓦，使得结构更加坚固耐用。它们通常会收集植物茎叶和木质部分的残骸，先切割下来，用它们的尖腿和下颚进行改造，再把修剪好的材料插在已有框架上缠绕的丝线之间，或是将其用新生产的丝线"缝合"起来。幼虫不仅限于使用这些材料，大多数情况下，它们还会寻找小石子、沙粒甚至软体动物的整只壳或碎屑，这些材料有助于加固它们的建筑物，使之坚不可摧。最终完成的外壳无论从自然角度，还是从建筑艺术的角度评价，都无疑是件令人印象深刻的艺术品。石蛾幼虫一般长期不更换居所，只会在原有外壳的基础上不断扩建和进行修缮。毛翅目昆虫中还有经常使用干燥的植物纤维来筑壳的菱形沼石蛾（*Limnephilus rhombicus*），用贝壳、沙粒、碎渣和植物材料的黄角沼石蛾（*Limnephilus flavicornis*），以及更喜欢使用小沙粒的深黑长角石蛾（*Athripsodes aterrimus*）。

隐蔽的洞穴

动物们通常投入大量时间和精力来打造居所，它们的巢穴有时非常隐蔽，藏在地下，或与周围的环境融为一体，以便不被捕食者注意到。

裸鼹形鼠

裸鼹形鼠（*Heterocephalus glaber*）无疑是自然界中最难观察到的哺乳动物之一。它是一种小型啮齿动物，几乎完全无毛，生活在东非的半沙漠地区，过着名副其实的地下生活。裸鼹形鼠整日待在地下，人们可能会认为它们十分懒惰或不喜运动，但事实并非如此，因为它们的洞穴非常大，能够覆盖极辽阔的范围。这类哺乳动物的单一种群中个体的数量非常之大，有时甚至能超过200只个体，所以它们完全不缺劳动力！

裸鼹形鼠的洞穴由长达数百米的隧道组成，许多隧道相互交织形成地下网络，这些隧道通向一间繁殖室，里面铺有植物碎片制

第34～35页图：裸鼹形鼠（*Heterocephalus glaber*）长着硕大的门牙，能够挖掘出规模巨大的隧道。

上图：裸鼹形鼠在休息室里群聚而眠。

右图：一只普通鸭（*Sitta europaea*）衔着一只虫子回到了巢穴。

成的地毯，环境非常舒适。除此之外，还有用作紧急避难所和储藏室的房间，房间内不贮存食物，但有自然生长的植物球茎、块茎和根，可供居民获取营养。裸鼹形鼠通常靠大门牙来完成几乎所有的挖掘工作，它们用双腿刨开松散的土壤，将碎土从连通地下和外部的通气孔中丢出洞穴。深度为10～20厘米的隧道通常由单只裸鼹形鼠挖出，更深的隧道则由多只裸鼹形鼠合力挖出，它们会前后排列，不时轮流上阵。这些小型哺乳动物考虑得非常周密，为节省体力，它们通常在雨天施工，因为土地被雨水浸润后更加容易挖掘。裸鼹形鼠的地下城市非常神秘，从外部无法看到它们的洞穴，只能借助有通风孔的小土堆来推测洞穴的存在，这也是唯一能在地面上观察到的痕迹。

啄木鸟

啄木鸟是一种以用啄啄击树干而闻名的鸟类。这种行为的目的很多，可能是寻找食物（昆虫的幼虫），可能是与同伴交流，也可能是挖掘洞穴来筑巢或者作为储存物资的小储藏室。这类鸟有200多种，它们都是熟练的"木匠"，能够基于现有的空洞建造安全的庇护所，也能够重新挖洞。啄木挖洞并非易事，所以在开始挖洞之前，啄木鸟若是花费大量时间寻找自然洞穴，或者直接使用其他鸟类遗弃的旧巢也不足为奇，因为旧巢只需要稍加翻新就能居住。啄木鸟通常会专门改造旧巢的入口部分，使其更加适合新住户的体型。用于装修的材料是一种泥浆，分多次涂抹在鸟巢开口的边缘，直到达到所需的直径。旧巢的内部经常也会用同样的涂抹方法，修补其中可能存在的裂

缝，使地板更加光滑。这种筑巢行为在䴓类中特别常见，如克鲁氏䴓（*Sitta krueperi*）、红胸䴓（*Sitta canadensis*）和普通䴓（*Sitta europaea*），因此它们也被称为"泥瓦匠啄木鸟"。虽然行为相似，但它们实际并不属于啄木鸟类。

啄木鸟重新开始建巢时，会用喙一小块一小块地将木头啄空，直到达到理想宽度。鸟巢内部通常不会使用草或其他植物铺垫，而是用挖木头产生的木屑代替。假若巢穴做得不错，那么就可以在接下来几年里重复使用，不必每次都筑新巢。

小蓝企鹅

小蓝企鹅（*Eudyptula minor*）是世界上最小的企鹅，平均体重约1千克，体长30~40厘米。交配季节，它们会四处游荡，寻

左图：一只小蓝企鹅（*Eudyptula minor*）选择在岩石间的缝隙筑巢。
上图：这只小蓝企鹅正设法在一个非常隐蔽的地方筑巢，以防被捕食者发现。

找合适的地方产卵。和其他企鹅，如帝企鹅不同，小蓝企鹅并不是简单地将卵放在腿间的皮褶下孵化，而是会藏在隐蔽处。这种不会飞的鸟类通常会在坑道内、原木下、洞穴中或岩石缝隙中筑巢，且始终靠近海滩。它们不会对选择的地方进行较大改动，只是铺上薄薄的一层植物来放置企鹅蛋（通常为1或2枚）；然而，它们需要花费不少工夫来挑选隐蔽的筑巢点，防止自己和孩子暴露在捕食者视线里。搜寻筑巢点时，小蓝企鹅会尽量不离海太远，因为它们不时还得潜入海中捕捉小鱼、头足类软体动物和甲壳类动物作为食物。巢穴里的企鹅蛋由父母双方轮流孵化，如此假若有一方外出捕食，后代也不会失去看护。

悬挂的巢穴

有些动物是名副其实的建筑专家，它们毫不掩饰自己的娴熟与精巧，将自己的劳动成果完全展示出来。

欧亚攀雀

欧亚攀雀（*Remiz pendulinus*）是一种雀形目鸟类，平均体长约11厘米，广泛分布于欧亚大陆，主要生活在北部地带，但在低纬度地区有时也能遇到它们。这种鸟的种名"*pendulinus*"，意为"钟摆"，让人想起它们最著名的筑巢习惯——将巢穴织成钟摆的形状。它们的交配季节通常为4月到7月，由雄鸟负责寻找合适的筑巢地点。假若雌鸟答应雄鸟的求爱，那么它们就会共同筑巢。鸟巢通常由各种类型的材料制成，包括植物纤维、动物毛发和丝状的种子。欧亚攀雀首先将这些材料编织成环，挂在树枝上，通常它们更喜欢像柳树那样下垂的枝条。接下来要准备地

板基层，完成打底，再在周围竖起梨形结构的墙壁，越往上直径越窄。巢穴的入口是编织而成的管状开口，直径通常为4～5厘米。这样的住所表面看来十分脆弱，但事实并非如此，其巢壁平均厚度约为3厘米。雌鸟和雄鸟一同筑造结构奇特的巢穴，而大功告成之后，只有雌鸟留在里面，负责孵化和保护产下的鸟蛋，雄鸟则离开去寻找新的配偶，以确保能产下更多的后代。

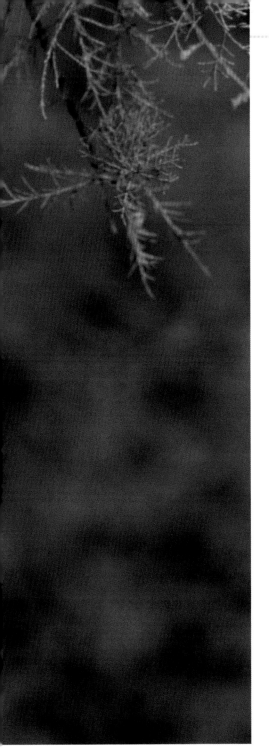

第40~41页图：一只欧亚攀雀（*Remiz pendulinus*）正打算完成鸟巢中央的支架。

左上图：一只欧亚攀雀找到食物后飞回了巢穴。

右上图：一只锤头鹳（*Scopus umbretta*）将植物浸泡在泥浆里，以便用它来加固正在建造的巢穴。

▶ 锤头鹳的空中楼阁

　　锤头鹳（*Scopus umbretta*）也是非常擅长建造巢穴的鸟类，属于鹈形目（Pelecaniformes）。它们的鸟巢并不总是建在树上，也可以建在河岸边、悬崖上或是如水坝等人工建筑上。这些鸟自成双入对时起就开始筑巢。首先它们会用树枝和泥巴打造地基，然后继续筑墙，最后搭建屋顶。锤头鹳的体型非常大，体长可以超过50厘米，所以鸟巢的入口也必须建造得较宽阔，还要用几层泥巴加固。它们筑成的鸟巢也非常大，有时直径超过150厘米。建在树上的鸟巢通常位于树枝分杈之间，真是名副其实的空中楼阁！

上图：这些黄胸织雀（*Ploceus philippinus*）的巢穴还没有完成，正在等待雌鸟来欣赏。

右图：一只雄性黄胸织雀正在建造巢穴。

黄胸织雀

黄胸织雀（*Ploceus philippinus*）和欧亚攀雀非常相似，也是一种雀形目鸟类，但体型略大，平均体长约15厘米。这种鸟类生活在东南亚，主要出没于草原和林区，在耕地和野生环境都有它们的踪迹。这类鸟是出色的纺织工，以精心编织的鸟巢而闻名。繁殖季节里，雄鸟选择一棵靠近溪流的树，然后开始用树枝编织它们的巢穴。它们通常会选择多刺的刺槐或是棕榈树，为躲避季风，它们通常将巢穴安置在朝向东边的一侧。与欧亚攀雀相比，黄胸织雀筑造的巢穴的形状更加不规则，中央有一

个巢室，通过垂直的通道与入口相连。黄胸织雀通常用喙将棕榈树叶切成条，作为建筑材料，此外还会选择形状修长的树叶和草。这些材料并非随意拾来，而是需要经过漫长的研究和精心挑选，所以鸟巢有时需要两周以上的时间才能筑成。

雄鸟在完成鸟巢之前会先向雌鸟展示，假若雌鸟欣赏和喜欢，它们就会立即进行交配，随后再由两只鸟一起完成筑巢的收尾工作。大多数情况下，雌鸟给鸟巢内部铺上一层泥巴，雄鸟则开始建造长长的通道，以防有不速之客闯入。通常，黄胸织雀鸟群选择在相同的地点筑巢，许多鸟巢都建在同一片树

林上，极大地改变了树林的外观，不知情的观察者可能以为有哪位古怪的艺术家在树上挂满了装饰品。尽管鸟巢结构奇特，难以进入，但有些捕食者还是会设法成功闯入，特别是乌鸦、啮齿类动物和蜥蜴屡次得手。

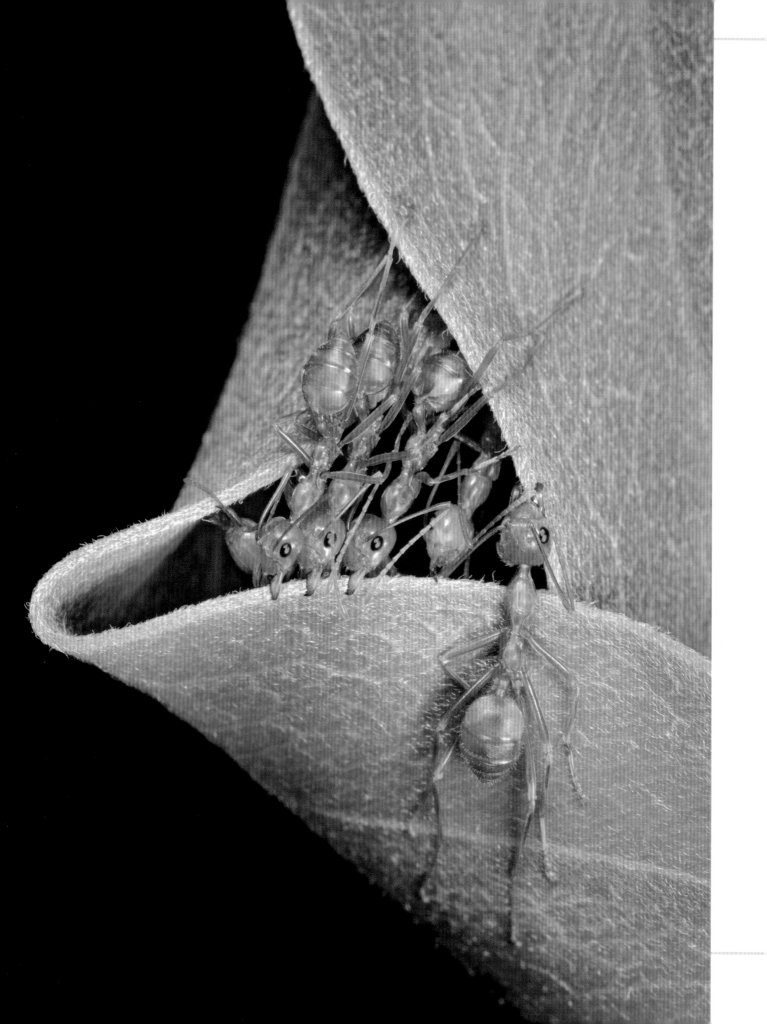

■ 左图：黄猄蚁（*Oecophylla smaragdina*）用自己的身体作为桥梁，把叶子的边缘连在一起。

■ 上图：一只黄猄蚁正咬住一只能够生产黏性丝线的幼虫，将它作为胶水来将植物粘连在一起。

▍黄猄蚁

黄猄蚁（*Oecophylla smaragdina*）是一种生活在亚洲和澳大利亚热带地区的社会性昆虫，属于树栖物种。它们主要以其他无脊椎动物，如膜翅目昆虫、甲虫和苍蝇为食，此外也能捕食害虫，通常对植被产生有益影响。黄猄蚁最奇特之处是它们能够在树叶上建造独特的巢穴。它们的体积很小，通常不超过10毫米，所以工蚁们会联合起来形成一条或多条长链，在两片叶子之间搭起桥梁。接着，它们开始逐步向后移动，让两片叶子的边缘不断靠拢，此时其他黄猄蚁就会进行"缝合"工作，把叶子全部连接起来。实际上，这项工作是靠幼虫完成的，成虫用下颚咬住幼虫，幼虫分泌的黏性丝线，像胶水一样将植物的不同部分连接在一起。随着工作逐步推进，丝线会形成一张白色的"面纱"，结构像不规则的野营帐篷，上面还点缀着许多树叶，悬挂在树枝之间。

黄猄蚁的蚁巢虽然非常庞大，但不一定能够容纳整个蚁群，因为多数情况下，蚁群中个体的数量可能多达50多万只。所以，一只蚁后领导一个大规模蚁群生活在多个蚁巢中的情况也并不罕见，不过，这些蚁巢通常会位于同一棵树上。这种蚂蚁的主要敌人是跳蛛，它们会利用自己和这些昆虫的相似性，吃掉蚂蚁的幼虫然后进入它们的巢穴，甚至将自己的卵产在里面，这样小蜘蛛一出生就可以立即以蚂蚁为食。

松异舟蛾

松异舟蛾（*Thaumetopoea pityocampa*）属于鳞翅目（Lepidoptera）——即常说的蝴蝶和蛾子。松异舟蛾通常分布在地中海沿岸的温带气候区。它们是最富有侵略性的物种，长3~4厘米的幼虫会对植被造成相当严重的损害，这些小毛虫会吞噬植物所有的叶子，特别是松树、雪松和云杉。松异舟蛾幼虫的背上长有刺激性的刺毛，甚至能在人体上引发严重的过敏反应。不过，让松异舟蛾闻名的并不只是这些消极方面，它们的幼虫越冬时能够筑造许多巢穴。首先，这些幼虫非常精确地织出大量"丝幕"（和黄猄蚁的做法非常相似），缠绕在一棵树上的好几根树枝上，其中最受它们欢迎的是松树。一旦结构搭成，入口和出口就会全部封闭，巢穴必须足够大，以容纳数量足够的叶子供小毛虫取食。随着时间推移，巢穴里会堆积越来越多的废料，在重力作用下不断沉积在底

▌ 左图：一只松异舟蛾（*Thaumetopoea pityocampa*）的巢穴，底部装满了废料。
▌ 上图：一只松异舟蛾幼虫正忙于筑巢。

部，且不再有可供幼虫取食的食物。因此，小毛虫可能会强行穿破先前织好的"丝幕"，离开巢穴另起炉灶。一般它们会选择在不太寒冷的冬季行动，以特殊的方式建造新巢穴。小毛虫移动时通常排成单行长队，像是在"列队游行"，所以它们也被称作"排队毛毛虫"。

当利于它们生存的季节到来时，松异舟蛾幼虫常会离开"帐篷"，从树上掉下来，到地面寻找庇护所，将自己埋在地下几米深的位置，进入化蛹阶段，也就是化蝶的最后阶段。此时，每条小毛虫都会把自己包裹在一只丝茧中，在里面完成这个奇妙的过渡阶段。

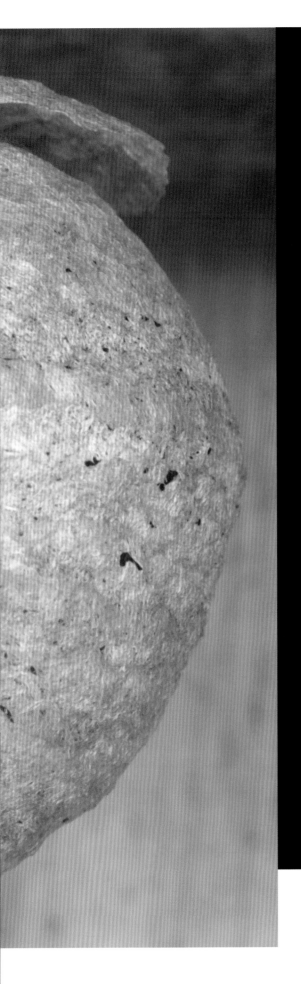

多种多样的
建筑材料

在进化过程中，智人（*Homo*）学会了寻找和识别合适的材料，用于制作他们需要的东西。不过，这并非人类独有的能力。事实上，动物界中有许多其他动物也能够使用各种土壤、植物纤维、树枝等材料来建造巢穴或庇护所。其中，有些大自然的建筑师展现出了巧夺天工的技艺，着实令人难以置信，甚至令人不禁怀疑，人类到底能否有资格被称为最高级的智慧生物。如今，许多设计师仍然会在动物们的建筑中寻找灵感，借鉴其各种坚固与环保并重、极富创意的设计。在本章中，我们将会看到一些神奇的案例，动物们能够运用复杂的工艺（如黄蜂、蜾蠃），或选用非同寻常的材料（如天堂鱼）来建造舒适又安全的庇护所，在其中躲避天敌和繁衍后代。

◾ 左图：这只石长黄胡蜂（*Dolichovespula saxonica*）正在建造的巢穴可谓名副其实的艺术品。

用泥土筑巢

土地是最坚实的建筑材料之一，其存在的形式多种多样，如泥沙、泥土、岩石或土块，被许多动物用来建造巢穴。我们借助化石证据可以得知，这种材料在动物的世界中有着漫长的历史。

红鹳

红鹳（*Phoenicopterus*）是社会性群居鸟类。它们体型庞大，双腿修长，经常用弯曲的鸟喙在浅水区底部翻找，啄食小型节肢动物。

这种鸟类生活在规模较大且热闹的鸟群里，鸟群内的个体彼此之间密切接触，特别是在求偶和繁殖期间。生育后代时，红鹳会用泥巴筑造许多外形低矮宽阔、顶部微微凹

第52～53页图：美洲红鹳（*Phoenicopterus ruber*）坚固又实用的小塔鸟巢。

上图：鸟巢的顶部非常适合容纳雌鸟和它的孩子。

右图：一只红鹳往它正在建造的巢上添块泥巴。

陷的小塔。红鹳中的一个例子是美洲红鹳（*Phoenicopterus ruber*），直到最近，它们还被认为是大红鹳的亚种。美洲红鹳原产于中美洲的咸水湖和沿海湿地，如今在世界各地的许多动物园和公园里都能看到。这种鸟会筑造巢穴以备产卵，它们的巢穴极其简单，但是坚固实用，且功能齐全。

雌雄红鹳均参与筑巢。夫妻双方首先在周围的环境中收集泥土和秸秆；然后再将这些材料衔到选定筑巢的地方并堆积起来，一边堆积，一边添砖加瓦；最后等待巢穴干燥，直到完全变硬。最终堆成的巢穴高20至30厘米，呈截锥形状，顶端有个直径约40厘米的凹面，可以容纳雌性红鹳产下的1或2枚白色鸟蛋。红鹳群的巢穴通常建在浅水区或一小汪水的岸边，巢穴之间非常之近，两个巢穴间的距离甚至仅有50厘米。

蜾蠃

蜾蠃（Eumenes）是小型膜翅类昆虫，它们主要生活在北半球温带地区，能够筑造小陶罐形的巢穴，为雌虫产卵和孵化以及幼虫生长提供居所，因此它们在意大利语中也称作"陶罐蜂"。蜾蠃属喜好独居，有100多个物种的

雌性蜾蠃筑巢时都会寻找富有黏性泥土的泥潭，从中获取建筑材料。它们首先从泥潭中取出一小部分材料，然后用它们的口器和第一对足开始揉捏，直至泥浆团成小球。假若泥潭较干，泥浆黏稠度不够理想，它们就会在揉捏时加入自己的唾液。一旦泥球揉成，蜾蠃就

将它们夹在头和胸部之间，运到选定的筑巢地点。到达后，蜾蠃重新将泥球加工成条状，先将第一根泥条在所选地基上盘一圈，然后再逐层叠加泥条，直至形成"陶罐"的壁，接着在"陶罐"的顶端打造狭窄的罐颈，最后是圆形的开口。这些"陶罐"可以附着在树枝、树干、

左图：有些动物在筑巢方面真是名副其实的工匠，如蜾蠃。

上方顶部图片：蜾蠃只需一根细长的树枝就能固定它们的小巢。

上方底部图片：高墙石峰（*Megachile parietina*）通常不成群，但假若土地合适，它们也会将蜂巢建在一起。

岩石、墙壁、阁楼或者门窗框等处。

每只"陶罐"不仅能容纳一粒卵，还能容纳一群幼虫，这样等蜾蠃孵化后，就能马上吃到食物。等到泥巢筑成，蜾蠃就产出丝，将卵挂在细细的罐颈内壁。完成最后这项工作后，蜾蠃会再用一颗泥球封住罐口，然后让后代"自生自灭"。

等到幼虫成年，新的蜾蠃就会在"陶罐"壁上钻出一个洞，然后再自行离开。

石蜂

高墙石峰（*Megachile parie-tina*）也是膜翅目昆虫，属于蜜蜂总科（Apidae）切叶蜂亚科（Me-

gachilinae）。石蜂属物种的特点是身体多毛，呈黑色，在欧洲常见于地中海地区，以独居生活为主，一般不形成蜂群。雌性石蜂通常在石头之间或者多岩石的地方筑巢，将庇护所高度伪装起来。它们用沙子或小碎屑混上唾液团成的小球作为建筑材料。一旦小球做成，石蜂

▨ 左图：白腹毛脚燕（*Delichon urbicum*）有时候会闯入城市居民的家中筑巢。
▨ 上图：一群白腹毛脚燕正在衔泥筑巢。

就会将它们运到选定的筑巢地点，然后重新塑形，将小球揉成大约十几个圆柱形的小室，再将它们分别组装到一起。小室内部中空，看上去像直径约1厘米的小魔术箱，每间小室里不仅装满蜂蜜，还容纳了一粒蜂卵。雌蜂产卵后便将小室密封起来，还会在相邻的小室之间填上更多的沙和唾液，让整个结构变得更加牢固，也与周边的岩石环境更为相似。新生石蜂若想走出这间小室，就需要花费大量力气来挖开蜂巢内坚固的壁垒。

▎白腹毛脚燕

　　白腹毛脚燕（*Delichon urbicum*）是一种小型候鸟，身长13～15厘米，属于燕科（Hirundinidae）。这种鸟的体重为15～20克，头部、背部前端以及翅膀和尾部呈蓝黑色，而胸部、腹部、背部后端和腿部则为白色。与燕子相比，它们的尾巴分叉较小，身形更加细长。这些鸟类生活在整个欧洲和亚洲，能用泥巴建造出几乎呈球形的悬空巢穴，非常坚固。白腹毛脚燕通常会在春天飞到意大利筑巢，并在冬季来临之际再次南下。白腹毛脚燕经常光顾人类聚居地，在阳台、雨棚、屋檐或门廊顶部筑巢，有时也会在桥底下筑巢。而在自然界中，它们则更加青睐悬崖峭壁或者岩石山脊。鸟巢由两个半球形通过唾液黏合而成，其中填充着干草和羽毛，偶尔也会有植物纤维筑造墙壁。巢穴的入口位于上方。

▨

用植物筑巢

植物纤维具有轻巧绝缘的特性，相对坚韧且适用场景多，可以充当筑巢造窝的填充材料，也能用来编织复杂结构，搭建精巧的建筑。

黄边胡蜂

黄边胡蜂（*Vespa crabro*）是欧洲体型最大的胡蜂，每年春天它们都要建造新的巢穴。每当前一年完成受精的雌蜂从冬眠中苏醒，它们就会选定一处合适的地点，开始寻找材料和筑巢。黄边胡蜂的下颚很强壮，能够啃咬树的枝干和木桩，从中提取纤维素，然后再混合唾液制成一种化合物。该物质能够塑形，涂抹开后可以立即硬化，变得和纸张非常相似。

黄边胡蜂开始筑巢时首先制作一条长度适中的杆，将它固定在有

遮蔽的表面上；然后再从杆的另一端开始，建造出水平的小型蜂巢，其中有几间小室，悬浮在空中，还配备如纸般坚韧的圆顶外罩。黄边胡蜂的幼虫住在小室中不会掉下来，因为它们自很小的时候起就粘在壁上，随着身体不断长大，它们会逐渐充满和堵住小室，从而避免掉落。首先，雌蜂会在第一层蜂巢的每间小室里产下一粒卵，卵中只生出雌性幼虫，然后雌蜂将它们抚养成年。等到第一代胡蜂准备就绪，雌蜂就会变成蜂后，只负责产卵，那时起，扩建蜂巢的工作就全部由工蜂来完成，在第一层的下方逐步建造和黏合新的蜂窝层。蜂巢不仅会在垂直方向上延长，还会横向扩大，同样地，蜂巢的外罩也会不断延展。

蜂巢的外观通常呈现出各种各样的颜色，因为黄边胡蜂在建造过程中会选用不同类型的木料，另外，蜂巢外罩上还能看到许多条纹，它们是工蜂们为筑巢而铺设的黏条，通常彼此之间部分相互重叠。每个季节结束时，黄边胡蜂通常会放弃旧蜂巢，等到来年再建新的。

三刺鱼

三刺鱼（*Gasterosteus aculeatus*）是刺鱼属的一种肉食性鱼类，栖息在从比利牛斯山到太平洋西伯利亚海岸的淡水河流中，有时也分布于咸水河流。这种鱼的体

第60~61页图：一只黄边胡蜂（*Vespa crabro*）正在给蜂巢送去补给。
左图：几只黄边胡蜂回到建在树干缝隙里的巢穴中。
上图：一些鱼类也能选择最合适的材料来建造巢穴，如三刺鱼（*Gasterosteus aculeatus*）。

型非常小，雄鱼体长为3~4厘米，雌鱼相对较大，体长在6~7厘米之间。它们的头部非常丰满，嘴唇稍微上翻。三刺鱼的背部呈棕色，侧面呈银色，且有深色斑点。此外，雄性三刺鱼在求偶时喉部和腹部都会变红。自19世纪中叶以来，这种鱼就因为在水下用植物搭建巢穴的特殊本领而闻名。

每当春天的繁殖季节来临，三刺鱼就会从深水区迁移到长有水生植物且多沙砾的浅滩区。每条雄鱼都会先选择一块空地，挖掘一个浅坑来作为巢穴的地基。接下来，它们会尽可能多地收集身边的植物材料，并将其填充在先前挖就的浅坑中。等到植物堆得足够多，雄鱼就会在上面来回游动，同时从肾腺中释放出一种物质将这些材料黏合起来。此时，它们会用嘴从堆积物的侧面推出一个洞来；然后再从对面

打一个洞，继续加深，直到钻出一条隧道；随后，它们会从内部不断加工墙壁，将隧道拓展得更宽。巢穴完成后，雄鱼会找来伴侣，将它引到巢穴的入口处。雌鱼进入隧道后便会产下鱼卵，然后从另一侧退出，留下空间让雄鱼进入巢穴，使鱼卵受精。

三刺鱼胚胎发育的整个过程都在巢穴中进行，这里也是鱼苗孵化后生长和发育的第一站。雄鱼通常会留下来保卫巢穴，等到鱼苗孵化后，它就会在隧道顶端开几个小孔，让巢穴更加通风。

■ 上图：芦苇莺（*Acrocephalus scirpaceus*）为它的后代搭建了一个鸟巢，但不幸的是，现在它的巢穴被普通杜鹃（*Cuculus canorus*）的雏鸟霸占了。

■ 右图：芦苇莺的鸟巢中有四枚鸟蛋等待孵化。

芦苇莺

鸟类可以将植物纤维制成名副其实的艺术品，如小型雀形目的莺科成员芦苇莺（*Acrocephalus scirpaceus*）。这种鸟类栖息在欧洲、亚洲和非洲长有芦苇丛的湿地，体长13～14厘米，翼展19～21厘米，背部羽毛为褐色，腹部羽毛介于白色和黄褐色之间。芦苇丛对芦苇莺非常重要，鸟儿们可以用芦苇编织成巢穴，再将其固定在较为坚固的苇秆上。一般来说，芦苇莺首先会找到三根紧挨着的大芦苇，随后再从周围的植物上取下细细的

干燥丝线，将它们连接起来。做完这个框架后，芦苇莺就会开始有条不紊地编织巢穴，将巢穴编织成杯子的形状。鸟巢由父母双方共同维护，但只有雌鸟才会用柔软的材料制成垫子来做内衬。一个鸟巢能容纳4～5枚鸟蛋，雌雄双方共同完成孵化，大约需耗时两周。

编织巢穴的过程中，特别是在筑巢的初期阶段，这些熟练的建筑师会围绕固定的一点做旋转运动，以便将植物纤维拧绕在一起，形成小型支架，再往缝隙中插入更多的植物纤维。等到鸟巢的结构逐渐成

形，内部形成空腔，芦苇莺就会进入其中，用胸部或脚爪将墙壁压紧实。

一旦基本结构完成，芦苇莺就可以集中精力用更多的植物纤维来填充墙壁，同时用鸟喙把它编织得更加紧实。

切叶蚁

有些种类的蚂蚁生活在没有食物储备就无法存活的地方，例如主要分布于中美洲和南美洲的15种已知切叶蚁（Atta）。它们能够在大型的地下蚁巢中建造出特殊的房间，形成真正的温室来培育和储存可供它们取食的食物。每天，这些昆虫都会从蚁巢中进进出出，用它们强大的下颚切下部分嫩叶，然后再将叶片运走，用于准备基质来培育适合它们食用的真菌。

我们经常可以看到工蚁们在兵蚁的护卫下排成一长列，每天在树干上爬上爬下，四处收集原材料来养殖它们培育的真菌。这些特殊温室高约30厘米，长度有时可达100厘米。切叶蚁将叶片捣烂成糊状，用唾液润湿，再用粪便施肥，最终制成一块海绵状的基质，作为真菌生长菌丝的理想场所。菌丝呈较长圆柱状，纵横交错形成菌丝体，即真菌的叶状体。

上方顶部图片是切叶蚁强壮的下颚的特写。底部图片里的几只切叶蚁正在搬运切割下来的叶片，将它们送到蚁巢的特殊温室中用于培植营养丰富的真菌。

巢鼠

并不是只有鸟类才有编织植物纤维的高超本领。巢鼠属（Micromys）唯一存活的物种——巢鼠（Micromys minutus）也能够凭借自己锋利的爪子和门牙建造连雀形目鸟类都无法完成的巢穴。这类小型啮齿动物从头到尾的长度只有6~7厘米，是欧洲和亚洲大部分地区的常见物种，主要生活在稻田、高草甸、芦苇丛还有河道两岸。巢鼠的脚爪和尾巴都具有抓握能力，能够帮助它们灵活地沿着谷类植物的茎秆爬行和摘取可以食用的种子。

它们的巢穴筑在距离地面约50厘米高的地方，和芦苇的草茎相连。筑巢时，巢鼠将材料放在锋利的门牙之间，将其磨成长条状。雌鼠怀孕时会找到一处植物茎秆生长较密的地方，首先围绕着它们编织出小条，接着再造出杯肚形状的墙壁，最后再制作屋顶，整个结构大致呈球形。接着，巢鼠继续从内部进行加固，直到达到其满意的坚固度。巢穴的开口为狭窄的圆形，使得内外相连通。还有些编织得不那么紧实的简单巢穴是由雌雄两只鼠共同制作的，可以供它们在特别寒冷的冬天里睡觉和取暖。

右图：巢鼠（Micromys minutus）在芦苇丛中建造出非常壮观的球形巢穴。

不同寻常的材料

动物能将大自然提供的材料为自己所用。有些动物非常幸运，它们能运用自身的特殊结构来创造最好的材料，建造巢穴或设下陷阱。其他动物则需要巧妙地选用不同寻常的材料，它们的选择常常出乎人类的意料。

斗鱼

斗鱼（*Macropodus opercularis*），俗名天堂鱼，是一种淡水鱼，属于丝足鲈科（Osphronemidae），广泛分布于东南亚地区。斗鱼有着斑斓的色彩，因此广受人们喜爱。它们有个非常有趣的特征，即鳃腔的上半部分有个次要腔，结构非常特殊，有特殊的骨质突起可以将空间分割开来，看起来像迷宫一般。这些突起物外有黏膜覆盖，其中分布着密集的血管，让斗鱼即使游到水面也能进行气体交换，吸入氧气。这种特殊的呼吸

方式和正常的鳃呼吸共同进行，使这类鱼能够生活在含氧量低的水域中。斗鱼可以为后代制作泡沫巢穴，这和它们能进行特殊呼吸的身体结构也有关联。

求偶季节里，雄性斗鱼会在它们生活的水体表面寻找一块合适的区域，跳出水面然后再重新落回水中。与此同时，它们会吸气然后吹出气泡。多次重复这一操作，斗鱼就能在水下将气泡聚成泡沫团，将其黏附在最近的水生植物或岩石上。因为气泡的表面包裹着一种源自激素的黏稠分泌物，能够增加表面张力，使气泡壁更加稳定，所以这些气泡与空气接触时不会破裂。

气泡巢穴完成后，雌鱼就会靠近。一旦两条鱼刚好都游到巢穴下，它们就开始进行交配。交配结束后，鱼卵便被雌鱼释放出来，最终落入气泡之间。此时，雌鱼的任务已经完成，雄鱼会狠心地将配偶赶走，继续完成自己的职责，保护巢穴安全，直到幼体出生。等到新一代出

第70~71页图：一条雄性叉尾斗鱼（*Macropodus opercularis*）正在照顾泡沫巢穴里出生的后代。

左图：蜘蛛为捕捉猎物而编织的网是名副其实的杰作。

上图：一只雌性十字园蛛（*Araneus diadematus*）正在它的陷阱中央静候猎物落网。

生，巢穴也就不再有存在的必要了，斗鱼就会遗弃它们的巢穴。

十字园蛛

　　蜘蛛是非常熟练的建筑师，它们自古以来就以精湛的编织技艺而闻名。蜘蛛能够自行生产一种很特殊的建筑材料，这种材料具有

黏性，质地轻薄且相当结实。蜘蛛的腹部有多个复杂的腺体，能够独立地生产丝线；每个腺体还会通过一根管道连接到一个被称为"喷丝板"的开口。因此，每当蜘蛛需要织网，它们就可以选择生产最合适的丝线。

　　十字园蛛（*Araneus diadematus*）和它们的许多近亲编织出的网既是居所，也是捕捉猎物的陷阱。这些网通常非常大，形状像一只车轮。通常情况下，蛛网由雌蛛编织，它们会趴在网的中央，耐心等待猎物落网。蛛网中央的丝线没有黏性，所以雌蛛不会被自己设下

的陷阱困住。

　　所有从网中心向边缘径直延伸的丝线也是无黏性的，因为蜘蛛需要在上面穿行。沿着径向线呈螺旋状盘绕的丝线才是具有黏性的诱捕线。虽然蜘蛛大部分时间都待在网上，但它们还是在网的侧面搭建了一个小型的庇护所。蜘蛛的庇护所是由叶子绑在一起而成的，或是仅仅用丝线绕成的洞穴，可以容纳蜘蛛在夜间休息，或是在雨天避雨。不过，即使是在洞穴里休息，十字园蛛也要将一条腿搭在网上，以便能感受到猎物落入网中而产生的震动。

　　十字园蛛编织蛛网时会遵循

■ 上图：单齿切叶蜂（*Megachile willughbiella*）对玫瑰的叶子情有独钟，经常让种植者很是头疼。

■ 右图：叶子的碎片是制作蜂巢的基本材料，该结构能够保护卵与幼虫的安全。

特定的模式。首先它们要确定哪里是飞虫最有可能光顾的地方；接下来，它们会找到两处固定点，用丝线将两点连接起来；再从这根线的中心垂下另一根线，形成三幅式结构。

十字园蛛以上述结构为基础不断加工蛛网，只需很短的时间完成蛛网的骨架，接着它们就可以继续生产出有黏性的丝线，绕着纵线形成螺旋。

切叶蜂

切叶蜂（Megachilidae）筑造的巢穴是最有趣的蜂巢之一，其中最著名的要数单齿切叶蜂（*Mega-chile willughbiella*）的巢穴。这种昆虫会在松软的土壤里或树干上挖洞，并在里面放置小室，为孵化和培育新生代提供场所。这种膜翅目昆虫会使用椭圆形的叶子筑巢，最好是蔷薇科植物的叶子。它们首先小心翼翼地用强壮的下颚将这些

叶子切割下来，然后再用腿夹住以运输叶片。叶片的大小和单齿切叶蜂的身体几乎不相上下。一旦到达洞口，单齿切叶蜂就会滑入其中，然后将叶片卷起，形成一端封闭的小筒，在其中填入花粉和花蜜的混合物，再在上面产卵。这时，单齿

切叶蜂还会取回另一片更小、更圆的叶子，用来制作筒盖。每个洞穴能够挤下多达十多间这样的小室。

完成所有工作后，单齿切叶蜂会将几层叶片重叠起来放在洞口，像塞子一样将洞口全部封闭起来。

聚焦 地下迷宫

通常而言，当人们想到动物的洞穴时，最先浮现在他们脑海中的是一间或大或小的地下室。然而，有些掘洞的动物并不满足于如此简单的居所，而是会创造出一整个地下迷宫，不仅是简单的洞穴，而且有主次卧室。这些动物中最著名的就是鼹鼠和穴兔。

大多数穴兔（*Oryctolagus cuniculus*）都是夜行性高度群居动物，能够形成包含数只穴兔的群体。它们喜欢生活在环境开阔、气候温和、海拔适中的地区。在理想的栖息地，穴兔会寻找适合挖掘的柔软的沙质土壤，挖出洞穴和其中的房间，以便在需要时避难。

雌穴兔全年都具备生育能力，但通常似乎更喜欢在一年中的前几个月里进行交配。分娩前，它们会在洞穴内挖出一条特殊的死胡同，在里面铺上干草和自己的毛发。而初次生产的雌兔会找一处合适的地方，挖掘一条全新的隧道，并在接下来几年里不断进行扩建。

左图：一只穴兔（*Oryctolagus cuniculus*）正向着地下洞穴的一个入口爬去。

群居生活

    许多动物都知道，集体生活能够带来不少好处，例如捕食者来袭时它们可以及时得到警报，或者依靠集体的力量抵御入侵者。即使不慎分心，集体中的其他成员也能承担捍卫和保护的工作，让动物们能够安全无虞地度过重要又脆弱的阶段，如孵化后代和照顾初生幼崽时。某些情况下，在这种意识的影响下，动物们会选择相互之间紧密来往，将巢穴建造在靠近自己同类的地方。本章中，我们将会遇见如群织雀等筑造群巢的鸟类，还会去探索那些如白蚁般拥有严密社会组织的动物；最后，我们还会认识如蚂蚁和胡蜂等其他具有社会性的昆虫，去看看它们的巢穴，因为它们都是首屈一指的建筑师。

左图：群织雀（*Philetairus socius*）能够借助团队合作的力量，建造出非常庞大的社区巢。

集合住宅

筑巢往往需要花费大量的时间和精力，筑造集合住宅时更是如此。一旦工作完成，筑造群巢的鸟儿必须熟练又迅速地钻进一处位置安全的庇护所，这样假若捕食者来袭，才更有可能逃脱。

▌群织雀

群织雀（*Philetairus socius*）是南非热带稀树草原特有的雀形目食虫性鸟类，分布在卡拉哈里沙漠，平均体长为13～15厘米。

这种鸟类的主要特点是能够在树冠上建造出相当大的群体巢穴。群织雀生活在庞大的集体里，能够通过紧密的团队合作来建造规模庞大的庇护所，鸟巢的长度有时甚至超过5米！其中有许多间紧挨着的房间。

群织雀筑巢时使用的材料几乎都是干草，编织时全神贯注。任何一位观察者站在群织雀的鸟巢前，可能都无法辨识出自己究竟看到了什么，因为这个庞大的鸟巢看上去就像是许多堆放在树枝上的干草。只有从底部观察鸟巢，才能发现通往各室的众多通道，从而意识到这是个名副其实的"鸟类公寓"。有时候，从仰视角度观察这种鸟巢会感觉很像蜂巢。

这样的大型鸟巢能够容纳许多对鸟，它们白天待在靠外的房间，晚上则待在靠内的房间，以便保暖。耐用的鸟巢可以重复使用许多年，因此不必每年都重新筑巢，只需要小规模地修缮维护。有时，这些鸟类不选用树木来支撑鸟巢，而是选用如路灯杆等人工建筑，先在上面建造第一层房间，然后再逐层增加。

群织雀非常善于交际，乐意接纳不同种类的鸟类来它们的公寓定居。很显然，它们首要的任务是让捕食者远离，而不是与同物种的个体聚会。它们的主要天敌是蛇，特别是黄金眼镜蛇（*Naja nivea*）和非洲树蛇（*Dispholidus typus*）。这些蛇类可以爬进巨大的鸟巢中，吞下里面所有的鸟蛋，将群织雀的努力全部毁于一旦。

白鹭

鹭巢是白鹭筑巢的地方。白鹭属于鹭科（Ardeidae），同样习惯

第78～79页图：图中可见群织雀的巢有许多入口。
左图：从下方往上看，群织雀的巢像只巨大的蜂巢。
上图：两只幼年白鹭（*Egretta garzetta*）正满怀期待地等待食物被送到它们口中。

群居。这些鸟类通常选择在同一棵树上筑巢，当它们数量过多时，也会在邻近的树上筑巢，白鹭们分别居住在几座"公寓"之中，相互之间建立起邻里关系。筑巢是白鹭求偶仪式的一部分。每当交配季节来临，雄鸟就将植物纤维和树枝编织在一起来建筑巢穴，然后再吸引雌鸟来与之交配。白鹭巢穴的大小虽然无法和群织雀的巢相提并论，但也相当庞大，只不过，它们通常并不引人注目。

白鹭通常选择靠近河流的树木或灌木作为鸟巢的支撑物，这样，它们寻找食物时就不必飞得太远。它们的食物包括各种各样的水生动物，如两栖动物、鱼类、软体动物、甲壳动物和水生昆虫。许多

鸟类学家不断观察这些动物的生活习性，随着时间的推移，他们逐渐了解到为何这种动物喜好群居而非独居。鸟类学家多次观察后得出的结论是，群居能给白鹭带来不少好处，最首要的就是捍卫领地时集体出击要比单枪匹马更加有效。

另外，在集体生活中总会有成功的模板可以学习，所以白鹭就更有可能找到食物，也更有可能成功繁殖。除此之外，群居还有另一大重要原因，即大型集群的繁殖周期往往重合，即便在某些特殊灾害期间失去了大量雏鸟，有些雏鸟也能够幸免于难。

上图：白鹭经常成群结队地在同一棵树或邻近的树上筑巢，形成拥挤的社区。

普通鸬鹚

　　普通鸬鹚（*Phalacrocorax carbo*）是一种鸬鹚科水鸟，在亚洲、非洲、澳大利亚的各个地区和北美大西洋沿岸筑巢。它们具有群居习性，繁殖季节里成群生活，有时数量众多，甚至能组成几百对。它们喜欢在河边或海边筑巢，鸟巢和白鹭类似，相邻而居。筑巢时它们需要特别小心，因为一个鸟巢通常要重复使用好几年。鸟巢的支撑物不一定是树，事实上，很多时候鸬鹚都更青睐悬崖或岩石小岛，因为在这些地方它们很难遇到捕食者。在海洋环境里，雌鸟收集海藻和各种类型的碎片编织筑巢；内陆环境中，它们则衔取简单的树枝，将之交错编织，在树上筑巢。两种环境下，普通鸬鹚雌雄两性会保持同样的分工。每只雌鸟平均能产下3或4枚蛋，孵化时间约为一个月。普通鸬鹚在其他种类的鸬鹚甚至完全不同的鸟类附近筑巢也不会与其邻居发生矛盾，能够和谐共处。它们的邻居有白鹭、白琵鹭等鹭科鸟类。■

　　■ 右图：一群普通鸬鹚（*Phalacrocorax carbo*）在靠近大海的悬崖上筑巢。

神奇的白蚁

在无脊椎动物的世界里，有些昆虫是顶尖的建筑师，其中就包括白蚁。它们的巢穴结构可简可繁，下至简单隧道和房间组成的小小居所，上至能容纳数千位居民的大型社区。

　　白蚁巢的结构多种多样，可以是简单的隧道和房间组成的小型住宅，也可以是规模庞大的大型社区，其内部错综复杂，如迷宫般蜿蜒曲折。有些种类的白蚁仿佛希望自己的巢穴备受瞩目，毫不隐藏，而是将它大方地展示出来，且随着新蚁群不断建立而更加增添它的恢宏气势，让它成为所处环境中的典型景观。

第86～87页图：在林间小路附近的巨大白蚁丘的特写。

上图：白蚁巢需要持续修护，这就是为何白蚁总是非常忙碌。

右图：有些类型的白蚁丘可以不断扩建，以容纳不断增长的蚁群。

普遍特征

白蚁是陆生动物，有将近3000个物种，主要分布在热带和亚热带地区。它们虽然名字叫"白蚁"，但它们和蚂蚁完全是两种不同类型的无脊椎动物，共同点仅限于都生活在社会组织复杂的集群中，且都进行"婚飞"，即具备生殖器官的有性生殖个体的大规模飞行。实际上，白蚁属于等翅目（Isoptera），是非常古老的一种昆虫，而蚂蚁属于膜翅目，两者的社会性是完全独立地进化而来。

所有已知种类的白蚁都过着社会性生活，它们的蚁群中个体数量可以从几百只到几千只甚至几百万只不等。白蚁的巢穴可能完全建在地下，也可能建在树干里或是从地面冒出的大型白蚁丘中，筑成由地下和空中两部分组成的巢穴。

白蚁群分为不同工种：工蚁和兵蚁几乎一生都在黑暗中度过，它们的双眼极度萎缩，或者根本没有，而具有生殖功能的白蚁则通常有眼睛。一年中的某些时刻，已经性成熟的有翅个体会离开蚁丘，完成"婚飞"，结束后它们就会栖息在地面上，脱落翅膀并结成配偶。这段时间里，大多数配偶都会被捕食者杀死，但也有少部分配偶能设法找到一处合适的地方，等待完全性成熟后再建造新的巢穴，创造新的蚁群。

每个白蚁巢穴都从建造婚房开始，蚁后将在其中度过它的一生，不断生产蚁卵和新生代幼蚁。有些白蚁物种体型变化不大，蚁后能够移动到巢穴中的其他区域，否则就会被永远困在一间定制的小室中。工蚁和兵蚁负责建筑、扩建和修复巢穴，以及维护蚁群所需的全部活动，其中既有雌性又有雄性。

白蚁和人类的关系并不友好，它们会贪婪地啃食木材，破坏木质建筑，让人类很是烦恼。例如，木白蚁属（Kalotermes）会顺着木材的纹理在其中挖掘隧道，咬出带有小室的洞穴在里面生活，还会凿出些底部较深的洞穴用于收集和存放它们的粪便。集体离巢时，它们还会多钻出些洞来方便外出，从而让人类察觉到它们的存在，不过等到那时，挖掘隧道和粪便堆积已经对木材造成了相当大的损害。其他白蚁物种则会钻洞将粪便运到外面，这样人类就能较早地发现它们，及时止损。

有些白蚁物种非常原始，其中很多仅在地下筑巢。例如，莫桑比克草白蚁（Hodotermes Mossambicus）能深入地下约3米挖掘隧

道，通往由许多小室组成的球形巢穴。另外，莫桑比克草白蚁还会在靠近地表的地方挖出许多又浅又宽的小室，在里面囤积大量的草，先让它们发酵和干燥，再运到巢穴更深处。

磁石白蚁的大楼

白蚁属（*Amitermes*）大约有一百多个物种，其生活环境非常多样，在沙漠和雨林中都能看到它们的身影和巢穴。澳大利亚磁石白蚁巢穴的特点是分为地下和地上两个部分。

澳大利亚磁石白蚁（*Amitermes meridionalis*）生活在温暖的热带地区，原产于澳大利亚北部大都市达尔文周边。该物种的巢穴呈宽阔而扁平的楔形，最宽可达250厘米，从地面往上逐渐变窄，高度可达300~400厘米。澳大利亚磁石白蚁得名于它们巢穴的特殊朝向，其巢穴位置面朝东西，棱边沿南北轴线。这种奇妙的建筑技巧可以让所有白蚁巢穴都能充分利用光热：太阳光较弱时，宽阔的东西面可以保证巢穴接触到更多阳光，从而保持蚁穴内温暖；反过来，在一天中最热的时候，入射阳光只接触到面积狭小的南北侧，从而避免蚁穴过热。除了蚁穴方向以外，巢穴本身的结构也有助于平衡内部温度。它们的表面覆盖着厚厚的土质材料，不仅具有隔热性能，还能保护它们免受大多数捕食者的攻击，只有少

数动物的爪子或蹄子才能在这层坚固的城墙上开出洞来。

通常情况下，澳大利亚磁石白蚁的巢穴首先建在地下，只有在

后来，当蚁群数量不断增加，才会出现地上的部分，地上部分的巢穴同样也有着迷宫般复杂的房间和隧道。强降雨期间，当大地被雨水淹

没时，白蚁仍然能安然无恙地待在这些坚固的巢穴里，消耗它们早在旱季储备的食物，与此同时，工蚁们还会在夜间外出，以收集种子、

树叶和其他植物。

其他的白蚁也会建造类似白蚁属巢穴的结构，但它们广泛分布于非洲、中东、南亚和东南亚的热带

上图：澳大利亚磁石白蚁（*Amitermes meridionalis*）的巢穴看上去非常宏伟，是名副其实的建筑作品。

地区，属于大白蚁亚科（Macro-termitinae）。它们筑造的蚁丘是所有蚁丘中最复杂的，其显著特征是内部能够生长真菌（Termi-tomyces）。巢穴中有些特殊的房间，工蚁们将腐烂的植物，如干草、木头和树叶等运送进去，先将植物咀嚼和半消化，再撒上粪便，制成理想的基质用于培育大白蚁赖以生存的真菌。这些巨大的房间其实就是真菌培育室，不时还需要添加新基质和清除部分旧基质。真菌的发育会产生一定热量，所以各种大白蚁的蚁丘还会竖起些"烟囱"，连通小型的通道，用于调节温度。

左图：方白蚁属（Cubitermes）的蚁群建造出的伞状白蚁丘。

上图：象白蚁属（Nasutitermes）的工蚁们正在辛勤劳作，兵蚁们则在保卫它们的领地。

伞型白蚁丘

有些方白蚁属（Cubitermes）蚁群生活在热带雨林中，能建造出形状非常独特的巢穴。它们的蚁丘通常有一个或多个大约呈圆柱形的中央柱心，上方建有突出的屋顶，看起来有些像大蘑菇，能够保护白蚁群免遭大雨侵袭。根据一些科学家的说法，这些"屋顶"是为了适应雨林的多雨气候，因为生活在干旱地区的方白蚁物种只筑造圆柱形的蚁丘，而没有"屋顶"。蚁丘的内部极其复杂，由非常短的隧道连接的许多小室组成。假若将这些巢穴垂直剖开，除了材料的硬度以外，其整体看起来几乎和海绵别无二致。

树干中的白蚁巢

除了我们目前为止所看到的坚固蚁巢外，白蚁建造的各种巢穴中还有类较轻的建筑，让人联想到胡蜂建造的蜂巢。

有些白蚁将蚁巢建在树里，如象白蚁属（Nasutitermes）的巢穴就是用某种"纸板"建造的，这种材料由象白蚁精细咀嚼过的植物纤维与唾液和排泄物混合而成。筑巢时，象白蚁先在树枝上选择一点，再从这点出发，在树枝内部向四周挖出许多条细细的隧道，最终顺着树干蜿蜒而下，一直钻进周围的土壤里。象白蚁制成的"纸版"既能用来建造外墙，也能用来装修内室，内室可以容纳后代、存放食物，也可以作为蚁后、工蚁和兵蚁的生活区。

生活在印度和斯里兰卡的斑点象白蚁（Nasutitermes oculatus）在龙竹（Dendrocalamus gigan-teus）的茎秆上定居，而斯里兰卡的锡兰象白蚁（Nasutitermes ceylonicus）则更加青睐茶树和椰子，由于这些作物有着很高的经济价值，这类白蚁可能会给人类造成巨大的经济损失。

膜翅目

无脊椎动物中，有类重要的动物群体具有独特的建筑才能。这类动物都具有社会属性，能够创造出杰出的工程，它们是蜜蜂、胡蜂和雄蜂，还有著名的蚂蚁家族。

雄蜂、蜜蜂和胡蜂的蜂巢

熊蜂（*Bombus*）会组建较小的蜂群，且每年都需要更新迭代，因为除了少数受精的雌蜂外，其他个体一般都无法过冬。春天来临时，少数从冬眠苏醒的雌蜂会低飞至地面，各自选择合适的地方来筑巢，如洞穴口、苔藓层上或是建筑物的梁间都是它们理想的场所。选

定场地并彻底清洁后，它们就会踏平土地，在上面覆盖一层蜂蜡，即熊蜂自身产生的一种脂肪物质，作为防潮层。接下来，每只未来的蜂后都会用蜂蜡建造出小室，在其中填满花粉和大约6颗卵，再将小室封起来。完成小室后，雌蜂还要准备另一个容器，在里面装满蜂蜜，作为食物储备。再接着，它会梳理

第94～95页图：欧洲熊蜂（*Bombus terrestris*）每年都会建造蜂巢来养育新的后代。

上图：一只由野生西方蜜蜂（*Apis mellifera*）蜂群建造的大型蜂巢。

苔藓和植物的茎，用它们建成一间小棚作为蜂巢的保护层，再在上面钻出一个孔来连通内外，这个孔是蜂巢的核心，接下来一年里形成的蜂群都能通过它出入。一旦熊蜂幼虫孵化，它们就会得到照料，直至成年，然后它们就会为蜂后效力，努力扩建和维护蜂巢。

蜜蜂则和熊蜂恰恰相反，它们会形成庞大的蜂群，且能持续数年，需要稳定的蜂巢。野外自由生活的蜜蜂没有养蜂人管理，蜂群中个体的数量通常在40000到80000之间，其中绝大多数都是工蜂，除了交配和产卵以外无所不能，任劳任怨。蜜蜂的蜂后从来不会亲手创造蜂群，也不会建造小室或提供食物，蜂巢完全由工蜂管理，不同年龄的工蜂执行的任务也不同。假若蜂群发展得太大，现任蜂后就会带领部分蜜蜂放弃旧的巢穴，去创建一个新蜂巢，而留下的蜜蜂则听命于新的蜂后。蜜蜂蜂巢里的隔间由蜂蜡制成，这种物质由12至17天雄蜂身上的特殊腺体产生。蜂蜡制造的六边形的小室，相互支撑，排列在一起。通常情况下，这些小室的形状大小几乎完全相同，但用途不一。蜂巢中央的小室容纳蜂后产下的卵，外围的小室则装满花粉和花蜜。此外，较大的小室里住着雄蜂，即生殖雄性，分布在蜂巢的最底部；还有些小室并非六边形，而是圆锥形，分布在蜂窝两侧或靠近底部的边缘位置，里面住着新的蜂后。

胡蜂也筑造蜂巢，与蜜蜂不同的是，它们筑巢时通常使用粉碎的纤维素和唾液混合制成的纸质材料，且蜂巢通常由水平排列的平面组成，小室只分布在底部。胡蜂的幼虫喜好肉食，所以蜂巢中的小室只作为它们生长的场所，不给它们提供食物。蜂巢内部的温度和湿度保持恒定，这要归功于外部巢壳的绝缘功效（如先前描述过的黄边胡蜂蜂巢），巢壳分为层层叠叠的薄层，包裹着整个蜂巢结构，层间充斥着空气。此外，工蜂们还能通过反复收缩肌肉来释放热量，提高蜂巢内部的温度。

异腹胡蜂属（*Polybia*）广泛分布在美洲大陆，它们的巢穴包有的外壳，要比纸质蜂巢坚固和厚实得多，整个结构大约呈细长管道的形状，其中每层都与外壳内壁相连。由于这种建筑结构极为紧凑，只有通过各层内部专门设立的曲折"通信井"才能上下移动。异腹胡蜂的蜂群不像其他胡蜂那样每年重新组建，所以它们的蜂巢能使用数十年时间，为蜂群提供一处安全的居所。

马蜂属（*Polistes*）膜翅目昆虫的巢穴比"纸胡蜂"（即用纸质材料筑巢的胡蜂）和目前为止所见过的大胡蜂的蜂巢更加简单，但结构与它们类似。马蜂窝通常由一只没有外罩的小蜂巢组成，假若下雨，工蜂们就负责将巢中的积水排出去；特别炎热的日子里，它们则从外面将水带进来，喷洒在小室上，给蜂巢降温。

记事本

蜂巢几何学

出于节省材料和优化空间等实际因素考虑，蜜蜂将蜂巢内部的小室建造成六边形几何结构。虽然圆形、八边形或五边形的小室同样容易建造，但会留下空隙，需要使用更多蜂蜡来为每间小室筑上独立的墙壁。若是采用三角形、四边形或六边形，就不会浪费材料；相同体积的情况下，将小室修建成六边形所需的材料最少，因而效率最高。

▨ 上图：一只工蜂正从蜂巢中的一间小室探出头来。

■ 上图：两只辛勤劳作的红褐林蚁（*Formica rufa*）正在运回材料来维护和扩建蚁巢。

蚁丘

像白蚁和蜜蜂一样，蚂蚁同样会形成蚁群，且需要建造可供长期使用的、由土壤和植物等材料建造的蚁穴。目前，大约有6000种不同的蚂蚁分布在地球的各大洲，它们全都具有社会性。有些蚂蚁的蚁穴较小，成员数量只有十几只，而有些蚁穴的成员数量则可达数十万之众。

乍一看，我们可能会觉得蚂蚁和白蚁更加相似，但实际上它们与同属于膜翅目（Hymenoptera）的蜜蜂和胡蜂关系更加密切。蚂蚁族群中也有工蚁、兵蚁和繁殖蚁等分工，和其他社会性昆虫一样，这些分工不同的蚂蚁的日常任务也是各不相同，分工甚至更加精细和明确。

古老物种的居住结构比较简单，只有狭窄的地下隧道构成的网络，隧道最终通向一个用于养育后代的房间。从外部看来，蚁丘存在的唯一迹象就是地面上有个小洞，如此隐蔽的特点使得蚂蚁群特别安全，难以被发现。无论是简单还是复杂的蚁丘都有相似之处，起初，它们都是在地下或陈朽的树桩里挖出的一系列相连隧道，其中的空间可以用于抚养后代、临时储藏物资或存放废料。随着时间推移，蚁群数量不断增长，最初的核心部分成倍扩大。有些物种，如红褐林蚁（*Formica rufa*）甚至将巢穴扩建到地上，形成许多或大或小的土丘，底部又宽又圆，还有几个入口，在温度较低的夜间或天气较冷的日子里这些入口会被堵住。红褐林蚁的工蚁能产生某种分泌物，与土混合后制成特殊的"石灰"，用于加固巢穴隧道的内壁。

有些种类的蚂蚁和白蚁相似，能在蚁巢中建造有特殊用途的房间，如培育真菌的地下温室。

上图：有些种类的蚂蚁能创造出可以维持多年的蚁丘，以至于其表面都有植被覆盖。

聚焦 活的土丘

当我们探索欧亚大陆的森林，特别是针叶林，可能会遇到某些奇特的土丘，它们非常庞大，底部直径远超一米。从外部看来，它们像是气势恢宏的小丘，表面还覆盖着经年累月的植物，如小树枝、干燥针叶或其他枯叶。而实际上，土丘的内部隐藏着一个充满生机的世界，有数百个巢穴，这是一种特殊的蚂蚁——多栉蚁（*Formica polyctena*）赖以生存的家园。

对这些昆虫而言，让土丘内保持恒温非常重要，因为这决定着幼虫的存亡。因此，多栉蚁在建造土丘时采用了一种特殊的技术，它们将松针和嫩芽混合着树液堆积在外，以便能吸收大部分太阳辐射；另外，它们还会在土丘的最里面堆上许多小树枝，这些小树枝间有疏松的空隙，能够将室内积蓄的热量传导至最里面。

每个巢穴中的多栉蚁都能产生化学物质，它们通过嗅觉信号来识别自己的配偶，避免和邻居的配偶弄混。在春季，如果食物匮乏，那么一个蚁群的蚂蚁就可能会攻击邻近蚁群的蚂蚁，然后以战败者为食。

▮ 左图：多栉蚁（*Formica polyctena*）建造的巢穴体积庞大，看起来像一座座小丘。

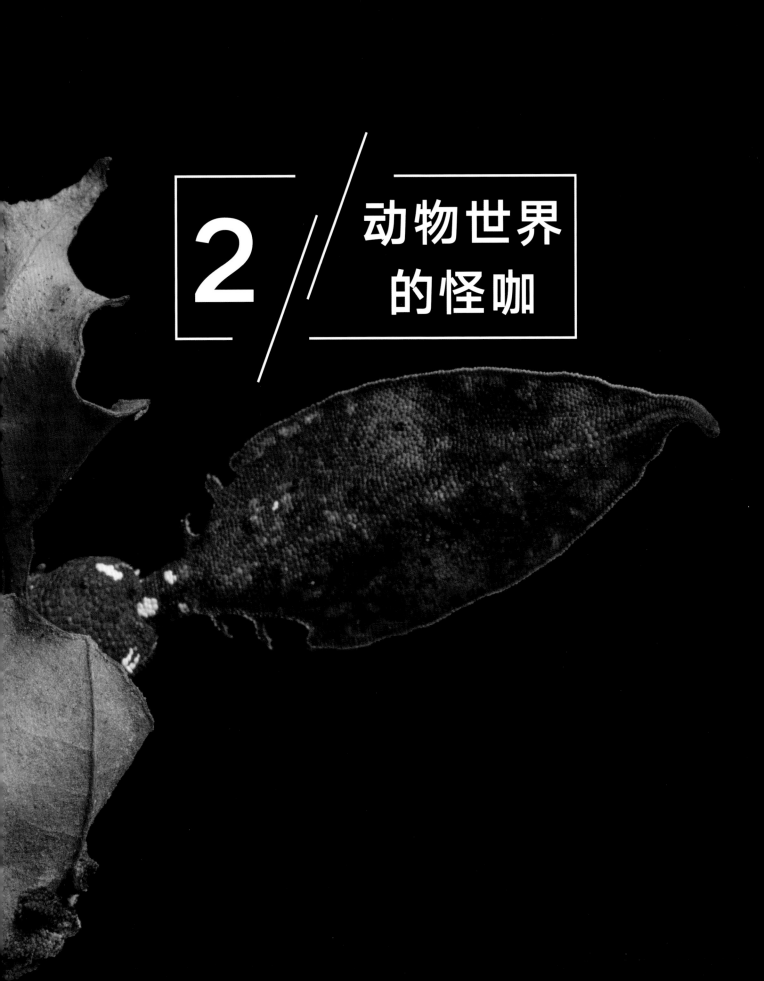

2 // 动物世界的怪咖

概述

出乎意料的动物们

本章的主角是动物世界里的怪咖，但首先，我们有必要厘清"奇怪"或"古怪"的定义究竟是什么。本章的作者们在决定是否收录书中所提到的各种动物时，考虑到了这样一个前提：在自然学家眼中，自然界中的怪咖可能有着与公众心目中不同的形象，因为"怪"并不总与美丽或滑稽有关。为了更好地说明二者的区别，我们可以用昆士兰桉䗛（*Extatosoma tiaratum*）举例。许多人出于反感，把这种动物与"古怪"的概念相联系，因为它有着诡异的外形和奇特的行动方式；而在自然学家或动物爱好者眼中，它的拟态特征却蕴含着生物多样性和动物界了不起的适

应能力。因此，本章将着重讨论那些在一生中全部或部分阶段有着独特外形的动物，从它们的奇异外表出发，探寻其中的有趣之处。

不同寻常的外表

让我们先用一些动物举例，它们看起来毛茸茸的，也正因如此，它们的奇特之处让我们的内心变得柔软。

耳廓狐（*Vulpes zerda*）显然就是这样一个例子。大多数人之所以被这些来自北非沙漠的小狐狸吸引，是因为它们巨大的耳朵和又小又尖的鼻子之间显而易见的反差，正是这一特征使耳廓狐得以进入"无敌可爱"的动物之列！一个自然

学家，哪怕初出茅庐，都能明白它们的大耳朵是个用来适应沙漠的炎热气候与极端生存条件的好帮手。事实上，这样的耳朵用处良多，它们不仅能散发多余的热量，在凉爽的夜晚，这对大耳朵使耳廓狐能够精确地探听到猎物的声响。

蜂猴（*Nycticebus*）和懒猴（*Loris*）也是绝佳的例证。它们同属懒猴科（Lorisidae），生活在亚洲大陆的热带丛林中。这些灵长类动物的圆鼻子略微突出，眼睛大而呆滞，耳朵又小又圆。它们体型纤长，没有尾巴，与之相比，它们的头部似乎大得有些不成比例。

还有一些动物的怪异之处在于，它们在幼年阶段有着美丽的

物，红大袋鼠在出生时仍处于胚胎阶段，它们看上去就像一个小巧玲珑的粉红色外星生物——新生的红大袋鼠幼崽脑袋很大，闭着的蓝色大眼睛向外突出，上肢蜷缩着，身体其他部位则仍很"潦草"。与之相比，这种袋鼠的成年形态虽然有些奇特，但显然更讨人喜欢。我们甚至可以在鸟类之中找到这种摇身一变的丑小鸭式角色，虽然在大多数情况下，鸟类的幼体比成体更加可爱，但鹦鹉却恰恰相反。让我们以折衷鹦鹉（*Eclectus roratus*）为例：雏鸟孵化之初，其外形就有着独有的特征——宽大的喙，眯着的眼睛，粉色的身体有些发灰，皮肤上散布着皱纹和零星绒毛。相比之下，成年折衷鹦鹉看上去更像大洋洲斑斓、喧嚣的热带雨林中的居民。雄性折衷鹦鹉有着明亮的绿色羽毛，翅膀末端点缀着一簇红蓝相间的羽毛，与它们橙黄色的喙形成鲜明的对比。雌性折衷鹦鹉则通体猩红，十分醒目，胸部和双翼呈钴蓝色，喙则呈黑色。最后，还有一类动物，比如来自马达加斯加的著名灵长类动物指猴（*Daubentonia madagascariensis*），它们无论在幼年还是成年阶段，都看起来"面目可憎"，其丑陋程度甚至让人们不禁为之感到同情！

有时，一些动物之所以被归为异类，是因为它们身体某些部位的比例明显有些"失调"，比如来自蒙古寒冷沙漠中的被称作"赛加羚

- 第102～103页图：一只成年角平尾虎（*Uroplatus phantasticus*）凭借完美的伪装藏身于枯叶之中。
- 第104页图：耳廓狐（*Vulpes zerda*）的大耳朵有着出色的散热能力，这在炎热的沙漠环境中十分有利。
- 上图：一只约一个月大的幼年红大袋鼠（*Macropus rufus*）在母亲温暖、安全的育儿袋中吮吸母乳。
- 右图：一只雄性高鼻羚羊（*Saiga tatarica*）的特写照片，它们宽大的鼻部能够加热俄罗斯草原上寒冷的空气，帮助它们取暖。

外表，在成年时却看上去面目可憎，比如鳄目（Crocodylia）。幼体鳄鱼孵化之初，就表现出显而易见的孩童般的特征：大眼睛、短鼻梁，还有比身体的其他部位更引人注目的头部。这些特征都使幼体鳄鱼看上去更加可爱，不具有成年鳄鱼所展现出的攻击性。这是一种包含人类在内的许多脊椎动物中都存在的进化机制。随着幼体的成长，这些特征渐渐消失，成体开始表现出它们独有的、令人恐惧或惹人反感的"本来面目"。

就像海豹一样，象海豹（*Mirunga*）的幼崽也会获得了"可爱"和"软萌"的评价。然而，在它们成年之后，尤其对于雄性而言，象海豹的身体将变得非常引人注目，看上去有些丑陋，不太讨人喜欢，这让它们被当作一种怪异的动物。在自然界中，也存在与之相反的情况：有些动物在刚出生时十分丑陋，但它们成年后的外表却变得赏心悦目。红大袋鼠（*Macropus rufus*）就是一个这样的例子。作为有袋类动

■ 上图：一只成年西部跗猴（*Tarsius bancanus*）睁着大大的眼睛，牢牢地攀附在一根树枝上。

■ 右图：一只雌性圣蜣螂（*Scarabaeus sacer*）正推着一个粪球。

■ 第110~111页图：在这张令人震撼的指猴（*Daubentonia madagascariensis*）特写中，它那黄色的大眼睛显得格外明亮。

■ 第112~113页图：一只正在飞行的白琵鹭（*Platalea leucorodia*）。

羊"的高鼻羚羊（*Saiga tatarica*）。人们无暇注意它们身上羚羊亚科（Antilopinae）动物所特有的那种优雅姿态，因为那只可以伸缩的大鼻子就像缩短版的象鼻般，不可避免地吸引了观察者全部的注意力。事实上，这个下垂的突出部位发挥着非常重要的作用：它既能在草原上寒冷的冬天加热吸入的空气，又能防止风中的沙粒进入鼻腔，造成危险。西部跗猴（*Tarsius banca-nus*）也是奇异家族中的一员。它们习惯在夜间出没，而在黑暗中又无法看清东西，于是在进化过程中，这些小型灵长类动物的眼睛变得巨大，在所有的哺乳动物中，它们的眼睛大小占头骨体积的比例

最大，它们的双眼甚至比大脑还要重！也就是说，动物为了生存而表现出的适应性在这些独特而又合乎情理的形象中再一次得到了体现。

特立独行的行为

一些动物的怪异之处也可能来自它们的行为，有时这些举止会给人留下负面印象，招致人们的反感。树袋熊（*Phascolarctos cinereus*）就是一个显而易见的例子。如果我们把注意力从它们人尽皆知的独特外表上移开，专注地观察它们的行为，我们就会发现树袋熊有一个不同寻常、但对个体生存至关重要的习惯。众所周知，这些来自澳洲的有袋动物几乎只以桉树

叶为食。幼年树袋熊必须拥有相应的肠道菌群，才能消化纤维素，并消除树叶中氰化氢所带有的毒性。然而，树袋熊并非先天就具有这些菌群，为了获得这些细菌，它们"不得不"在出生后约一个月内（也就是说，直到它们彻底断奶前）以某种特殊的液态排泄物为食——这些来自母体的粪便呈黄绿色，富含细菌。由此，它们被迫成为"粪便爱好者"，但实际上，这种令人作呕的行为却是一种对动物生存而言

必不可少的习性。

从这种怪异的行为习惯之中，来自澳大利亚维多利亚州的科学家通过研究，发现了一些或许可以用来拯救这些可爱动物的线索。在自然环境中，生活在不同地区的树袋熊只以少数特定种类的桉树叶为食，它们为了消化这类树叶发展出一种特定的肠道菌群。于是，研究人员向一些只从一种桉树中取食的树袋熊种群提供了一种含有更加丰富的肠道菌群的胶囊，以扩大它

们的饮食范围，使它们能够在更广泛的地区内生活、繁衍。这些细菌提取自以多种桉树叶为食的树袋熊的粪便。这样一来，这些获得了多种菌群的树袋熊就可以吃得更好、更丰富了。另外，由于最近一段时间澳大利亚火灾频发，这项研究可能会拯救这种目前已深陷绝境的动物，使它们免于在野生环境中灭绝的命运！

最后一个有着奇特的行为习惯的怪咖是圣蜣螂（Scarabaeus sa-

cer），它又被称作"埃及圣甲虫"。这种昆虫总是用后腿滚动着一个粪球。这些食草动物的粪便不是它们的食物，而是它们为下一代准备的"备用粮"。它们先找到一个隐蔽的场所，然后立即在粪球中产卵。几天后，幼虫在粪球中出生，粪便中的植物碎屑就成了它们的食物。圣蜣螂幼虫完成蜕变的周期约二十八天，相当于一个农历月，这也就是为什么古埃及人认为这些黑色的小甲虫是起死回生的象征。

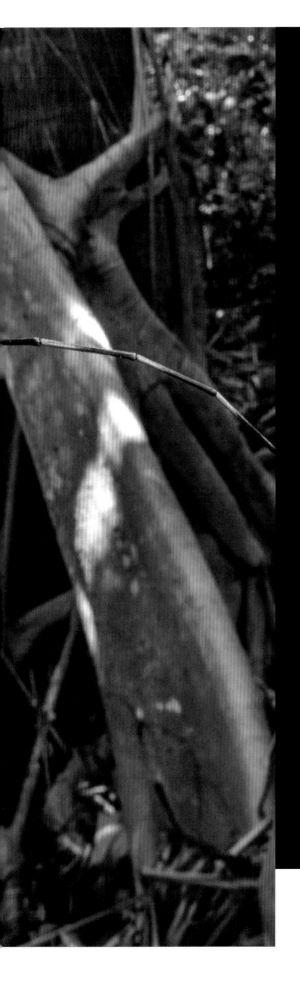

空中的怪咖

我们只要举目四望，看看从头顶飞过、栖在树枝上，或是刚好站在窗外屋檐上的鸟儿，我们就能发现奇特的动物就在我们身边。动物世界中，许多怪咖的奇异之处都是为了吸引雌性的注意，以更好地繁殖后代。有些动物的某些身体部位呈现出特殊的形状，这可以让它们获得更多的食物。有些动物有着出色的伪装能力，这为它们躲避捕食者或偷袭猎物提供了绝佳条件。这些特殊的适应能力随着时间的推移进化而来，使怪奇动物们虽然看上去格格不入，但却有着对它们所处的环境加以利用的本事。在鸟类当中就有许多这样的例子，它们为了适应环境，进化出了奇特、有趣甚至攸关生死的外表。而在无脊椎动物中，也不乏迷人的神奇动物，在动物爱好者们眼中，它们是最丰富多彩、不同寻常的存在。

左图：一只色泽艳丽的长臂彩虹天牛（*Acrocinus longimanus*），它的前肢与触角显然与它的身体并不相称。

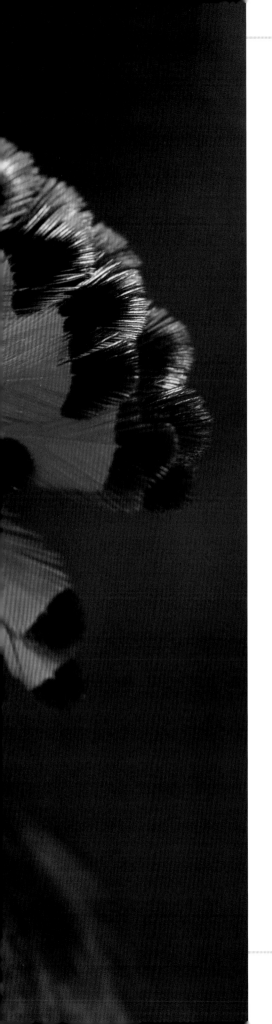

奇特的鸟类

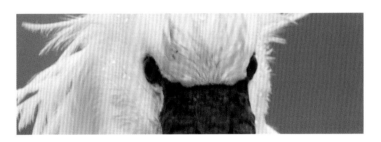

鸟类世界由大约10500种已知物种组成。鸟类的外表是如此丰富多样，使我们常常忘记它们高贵的出身——实际上，它们是恐龙的后代！

皇霸鹟

大自然赐予了动物独特的外表，而有的动物则获得了其中最华丽、最引人瞩目的外衣，皇霸鹟（*Onychorhynchus coronatus*）就是一个这样的例子。这种小型鸟类分布广泛，几乎在整个南美洲都能看到它们的身影。它们有着极为显眼的特征——一个华美的扇形羽冠。雄性皇霸鹟的羽冠为猩红色，顶端呈蓝色；雌鸟的羽冠则为黄色。无论是雌性还是雄性皇霸鹟，羽冠顶部都点缀着深色的斑点。平时，羽冠向后垂下，使皇霸鹟的身体轮廓看上去像个锤子。而当它们将羽冠展开时，它们会有节奏地左右摆头，展现出更令人惊叹的视觉效果。总而言之，这种羽冠的形状很容易让人联想到前哥伦比亚时期国王和祭祀的头饰，或许这些装饰的设计灵感就来自于这种奇特的鸟类。

第116~117页图：一只雄性皇霸鹟（*Onychorhynchus coronatus*）正在展示它那由鲜红的羽毛组成的炫目冠冕。

上图：一只雄性安第斯动冠伞鸟（*Rupicola peruvianus*）正在树枝上卖力地舞蹈。

右图：一只托哥巨嘴鸟（*Ramphastos toco*）在树枝之间寻找美味的水果，它的样子看起来就像在大胆地表演杂技。

动冠伞鸟

在南美洲，我们还可能与绚烂、有趣的动冠伞鸟属（*Rupicola*）鸟类相遇。动冠伞鸟属只有两个物种，即圭亚那动冠伞鸟（*Rupicola rupicola*）和安第斯动冠伞鸟（*Rupicola peruvianus*），它们常被称作"岩鸡"。事实上，这两种动冠伞鸟都有一个独一无二的特点，即它们都有一个由羽毛组成的羽冠。它们的羽冠呈半圆形，从脖颈处一直延伸到喙尖，在半圆形的中心处是它们的眼睛。动冠伞鸟的体长不超过30厘米，雄性与雌性的羽毛有所区别（性别双色性）。雄

性动冠伞鸟的身体和羽冠呈鲜艳的橙红色，尾部和双翅为黑色，喙和足部呈粉红色。而与之不同的是，雌性动冠伞鸟的颜色更加低调，喙和足部呈黑色，羽冠的轮廓也不太清晰。正如它们的别称所示的那样，动冠伞鸟虽生活在南美洲山区多雨的丛林中，但岩石丛生之处才是它们最爱的筑巢之所。它们独来独往，只在交配的季节聚集在一起，雄性动冠伞鸟会在开阔的地方进行激烈的争斗，而这些鲜有植被的地方就被称作"竞偶场"。动冠伞鸟遵从一夫多妻制，雌鸟会独自捡拾筑巢用的树枝，并将其与泥浆

混合，以固定在岩石上。然后，它们会凭借一己之力独自抚育雏鸟长大。在一年中的大部分时间里，动冠伞鸟独自行动，它们喜欢在低处的树枝或地上觅食。动冠伞鸟主要以水果为食，但它们也不会放过那些比它们体型更小的动物，比如昆虫。它们会采下果实，但只吃下果肉部分，并将种子反刍，它们也因此成为森林中传播种子的一个重要媒介。

巨嘴鸟

南美洲最具代表性也最为奇特的鸟类当属托哥巨嘴鸟（*Ramphastos toco*）。这是一种中型鸟类，体长可达60厘米，而它们最为突出的特点就在于，仅喙就占据了身体全长的1/3！它们的羽毛呈黑色，只有喉咙处为白色。在它们蓝色的眼睛四周，有一片没有羽毛的亮黄色区域。长长的喙则是橙黄色的，喙尖有一个大大的黑色斑块。当托哥巨嘴鸟在空中盘旋时，藏在它们尾巴底部的红色羽毛清晰可见，上面还有一抹白色——这簇羽毛多么优雅！托哥巨嘴鸟以规模较小的家族为单位群聚而居，它们飞到各处寻找食物，然后在夜晚再次相聚。它们的飞行迅捷有力，其特点在于飞翔与滑翔交替进行。托哥巨嘴鸟主要以水果为食，但也会捕捉昆虫和小型脊椎动物。长而轻的喙使它们能够轻易吃到细长的树枝末端的果实，它们一咬住果子，

就会将头部快速向后回缩，然后把果实吞下。这种奇特的喙之所以非常轻，是因为里面除了起支撑作用的骨头外，布有许多充满空气的小孔。

托哥巨嘴鸟的求爱方式也很独特，它们会在这个过程中交换礼物。雄性托哥巨嘴鸟会用它们的长喙向雌鸟投掷浆果，如果追求者符合雌鸟的要求，雌鸟就会向雄鸟的方向投掷果实作为回礼。托哥巨嘴鸟的巢十分简单，多搭建在大树的树洞中，父母双方都会对养育后代贡献自己的力量。这种鸟类几乎在整个南美洲都有分布，它们喜欢在植被稀少而河道充足的地区栖息，有时甚至可以见到它们捕食鱼类的景象！在南美洲，托哥巨嘴鸟受到了人们的热烈欢迎，因为它们能够很好地与人类共处，因此它们也时常出现在村庄周边。

肉垂水雉

正如上文所述，动物世界中的怪咖之所以与众不同，是因为它们需要适应特定的栖息地。肉垂水雉（Jacana jacana）便是如此，这个名字来源于它们黄色的喙底部长着两个被称作"垂肉"的红色肉球。这种小型鸟类栖息在中美洲和南美洲的沼泽地、湖泊、池塘与河流中，在漂浮的植被间捕食昆虫和小型水生无脊椎动物。它们外观的特点在于细长的腿和腿部末端四根极长的脚趾，这一特征使它们能够在

左图：一只白琵鹭（Platalea leucorodia）的特写，我们可以看到它奇特的喙上优雅的图样。

上图：一只雄性非洲雉鸻（Actophilornis africanus）正用柔软的羽翼保护着它的雏鸟。

一个相对较大的站立面积上分配自身重量，这样，它们就可以在漂浮着的植被上行走，寻找食物。虽然肉垂水雉能够飞行和游泳，但它们更喜欢以这种方式行动，因为这能让它们在栖息地中占据独特的"营养位"。

肉垂水雉的另一个不同寻常的行为表现在，雌性肉垂水雉的体型比雄性大得多，它们通过争斗获得与更多雄性肉垂水雉的交配权。而雄性肉垂水雉则负责在水生植物间搭建一个漂浮在水面上的巢，并在其中抚育后代。

白琵鹭

白琵鹭（Platalea leucorodia）又被称作"白勺子"，它们

的体型很大，身高甚至可以达到85厘米，重达2千克。白琵鹭通体雪白，头部有一簇细小的羽毛向后伸展。它们的腿和喙呈黑色。从远处看，这种鸟类可能会被误认为是苍鹭，只有当人们走到近处，才能观察到它们最为奇异的特征，而这也是它们别称的来源——白琵鹭的长喙末端有一个较为扁平的部分，使它们的喙看上去就像一个勺子。

白琵鹭以水生无脊椎动物、小型鱼类和蚂蚁为食，它们将喙插入水底，然后向侧面晃动头部，将猎物吞入口中。白琵鹭栖息在大型混合群落中，即与其他水鸟一起，在悬浮于水面之上的树枝间筑巢。由于它们行动笨拙，所以我们很容易见到一只幼年或成年白琵鹭在树枝

维多利亚凤冠鸠

从名字中就能看出，维多利亚凤冠鸠（*Goura victoria*）有着极为耀眼的外表。这种来自新几内亚的大型（它们的体重可达3千克）鸟类广泛分布在茂密的森林中。它们的颜色介于灰色、蓝色和淡紫色之间，不同亚种的维多利亚凤冠鸠有着极为不同的羽毛，但它们的喉部都呈猩红色。最为显著的特征当属它们醒目的红色眼睛上方，那顶由蓝色羽毛组成的边缘装点着一抹白色的优雅羽冠。

维多利亚凤冠鸠偏好陆地生活，它们在地面上度过一天里的大部分时间，在这里寻找食物，与同伴们交流或短暂地休憩；夜间，它们则回到丛林中。它们的巢建在灌木丛或低矮的树枝上。植物几乎是它们唯一的食物来源。

蛇鹫

在猛禽中，蛇鹫（*Sagittarius serpentarius*）的外形最为奇特，它们又被称作"射手鸟"或"书记鸟"。这两个别称都揭示了这一鸟类的诸多特征——它们之所以被冠上"射手鸟"和"书记员"之名，是因为它们的头部后方长着长而笔直的黑色羽毛，这些羽毛看上去就像从弓箭手后脑勺伸出的箭，或塞在书记员耳朵后面用来写字的羽毛笔！另一方面，名字中的"serpentarius"一词也代表了它们对猎杀蛇类的偏好。

■ 上图：一只维多利亚凤冠鸠（*Goura victoria*）正在展示它头部那空灵的羽冠。
■ 右图：一只长尾林鸱（*Nyctibius aethereus*）完美地隐匿在树干上。
■ 第124~125页图：一只维多利亚凤冠鸠安静地在巢中休憩。

间移动时落入下方的水中。琵鹭的分布范围较广，事实上，它们广泛地分布在包括欧亚大陆与非洲北部在内的大部分地区。

▶ 夸张的大嘴

在中美洲、南美洲与加勒比地区，广泛分布着一种奇特的鸟类——林鸱（*Nyctibius*）鸟类。林鸱属鸟类已知的七个物种都是夜行动物，善于用颜色进行伪装，通常以鞘翅目（Coleoptera）动物和飞蛾等昆虫为食。林鸱的外观十分滑稽，甚至有些令人不安：与身体其他部位相比，它们的头部极大，有一对黄色的大眼睛和一张大得不成比例的嘴；大嘴张开时，可以看到其内部呈黄色。白天是它们的休息时间，这些鸟类用一种奇怪的姿势，眯着眼睛，笔直地竖立在树上，而它们羽毛上的伪装色则让它们在休息时看上去和一根干枯的树干没什么两样。这些昼伏夜出的鸟类遵循一夫一妻制，它们一次只在树洞中产下一枚蛋。

■ 左图：一只年轻的蛇鹫（*Sagittarius serpentarius*）。

■ 上图：一只蛇鹫在非洲大草原高高的草丛中觅食。

■ 第128～129页图：成年王鹫（*Sarcoramphus papa*）的喙部长着奇特的垂肉。

这种鸟类在整个撒哈拉以南的非洲草原上十分常见，为了寻找猎物，它们的行动范围可达25千米。蛇鹫以蝗虫、大型昆虫、青蛙、蜥蜴和小型哺乳动物为食，当然它们的食谱中还有蛇。蛇鹫修长的腿在猛禽之中独一无二，这让它们能在草丛中捕猎。发现猎物后，蛇鹫会展开短暂的追逐，然后用它们强有力的腿反复击打猎物，直到将它们杀死，然后吞食。它们的翅膀也被用来当作防御敌人撕咬的盾牌。这种不同寻常的非洲猛禽身高可达150厘米，体重接近5千克。它们的羽毛呈灰白色，但腿和双翅顶端则为黑色。它们的尾巴也呈黑色，中央有两根较长的白色饰羽。蛇鹫是一夫一妻制，也就是说，它们会形成稳定的配对关系，并在草原中用树枝在树上搭建它们宽大的巢穴。

王鹫

也有一些狩猎者总是不得人心，王鹫（*Sarcoramphus papa*）就是一个典型的例子。它们广泛分布在墨西哥和阿根廷之间的低地森林中，有着相当奇怪的外表。

王鹫的体重可达4.5千克，展开双翼时，翼展可达2米以上。它们有着雪白的羽毛，而飞羽（即翅膀上最发达的羽毛）和尾羽则呈深灰色或黑色。长长的脖子和头部通常为橙黄色，上面并没有羽毛覆盖，只是从厚厚的灰色"领子"中伸出来。头部是王鹫的与众不同之处：它们的喙基部长有一块颜色多种多样的垂肉，这让王鹫看上去像个小丑！王鹫的喙和爪子都强劲有力，这一特点也让它们成为动物尸体的"清道夫"，不过它们偶尔也会杀死一些只是受伤的动物。王鹫遵循一夫一妻制，它们的后代由父母双方合力抚养。

除此之外，王鹫最为怪异的行为是，它们会在体温过高时，通过在爪子上排便降低体温。

奇怪的
无脊椎动物

在无脊椎动物的世界里，我们或许能找到动物世界中为数最多的怪咖。然而，任何在我们人类看来奇怪又特殊的形态或行为，往往是这些物种赖以为生的必要条件。

长脚盲蛛

在奇异的蛛形纲（Arach-nida）动物中，它们属于盲蛛目（Opiliones），即意大利语中的"Opilioni"或"Opilionidi"。盲蛛目中目前已经发现了七千多个成员。在英语中，这些微小的无脊椎动物也被称作"收割者"（har-vestmen）或"长脚老爸"（daddy longlegs）。它们的体型可以称得上微乎其微——事实上，有些种类的盲蛛长度只有1毫米左右，但也有一些物种身长可达20毫米，这些数据并不包括它们的步足。如果将位于身体两侧的步足之间的距离附加在盲蛛的身体长度上，那么它

第130~131页图：长脚盲蛛（*Leiobunum*）展现出与其他蛛形纲动物完全不同的身体结构。

上图：一群圆盲蛛（*Leiobunum rotundum*）在荆棘丛间的叶片上行走。

第134~135页图：一只盲蛛优雅地迈出长腿，踏在一片树叶上。

们中的一部分直径可能会超过3厘米。盲蛛常被与真正的蜘蛛相混淆，尽管它们属于一个独立且与蜘蛛相距甚远的目。事实上，蜘蛛的身体分为两部分：头胸部（或前体），通常由六个节段组成；而腹部（或后体）的节段可以收拢在一起，其数量在六节到十三节之间不等。

而盲蛛目动物的前体和后体（通常由十个节段组成）之间没有明显的连接部位，因此，这些节段看上去就像融合在一起，形成了一个单一的整体。几乎所有的盲蛛目动物的头胸部都只有两个侧眼；许多物种都有着极其细长的步足，其中，第二对步足比其他任何一对都更长，因为它们具有感觉功能。当危险来临时，盲蛛会主动卸下步足，逃之夭夭。这种行为在它们面临捕食者的追击时至关重要，因为失去身体的一部分并不会为它们带来特别严重的伤害，且被卸下的肢体会继续移动、收缩几分钟到一个小时。这样一来，捕食者的注意力就会集中在已经脱离盲蛛身体的步足上，这为盲蛛目动物逃跑争取了

▶ 牧羊人蜘蛛

这种奇怪的蛛形纲动物还有一个称号，即"牧羊人蜘蛛"，因为Opiliones（盲蛛目）一词源自opilio，在拉丁语中意为"牧羊人"。这些无脊椎动物长长的步足让人想到法国朗德地区的牧羊人那独特的姿态：他们在跟随、指挥放牧的羊群时总是踩着高跷，以免陷入沼泽之中。

更多的时间。

盲蛛不像蜘蛛一样可以分泌毒液，也不具备能够分泌丝质物的丝腺，许多种类的盲蛛前体有气味腺，用来产生一种用于防御的物质。生产毒液或编织丝网对盲蛛目动物来说并没有太大的意义，因为它们在大多数情况下并非捕食者，而是以植物、粪便、动物尸体或真菌为食。也正因如此，盲蛛能够吞下固体食物碎片，而无须先用毒液将其溶化。主动出击的盲蛛虽然稀少，但也仍然存在。为此，它们通常会对猎物（比如昆虫）采取伏击的策略，但它们也能够十分灵活地在任何表面爬行，在极少数情况下，它们会选择追逐那些即将到手的猎物。

第二对较长的步足也是捕猎时不可或缺的工具，因为它们能帮助盲蛛找到猎物。事实上，这些无脊椎动物无法过多地依赖自身的视力，因为它们的眼睛极小且结构简单，无法为它们提供良好的视野。盲蛛目动物过着孤独的生活，但在一些洞穴顶部，也存在由数百或数千只盲蛛聚集而成的巨型群落。学者们认为，这种行为的目的是为了降低被捕食的可能性，这不仅因为它们数量众多，还因为大量盲蛛散发出的浓重气味会令任何想要接近的捕食者望而却步。盲蛛的另一种反捕食策略是利用保护色，这能让它们很好地隐藏在环境中。最具伪装性的盲蛛目动物是长脚盲蛛

记事本

皇冠上的眼睛

皇冠巨盲蛛（*Megabunus diadema*）是一种广泛分布在欧洲的盲蛛目动物，它们也能适应更北方的环境，比如挪威和冰岛。这种动物的伪装色呈现出银质的光泽，身上还带有棕色和黑色的图案。它们喜欢在潮湿的山区、树林和荒地活动，这里的地面被苔藓和地衣覆盖，使它们能完全隐身其中。不过，它们也会光顾房屋附近安静的花园，那里的湿度和温度为它们提供了充足的食物，对它们来说十分宜居。皇冠巨盲蛛的体长可以超过35毫米，与其他盲蛛相比，它们的第二对步足相当发达，这有助于它们捕获自己最喜欢的零食——苍蝇。皇冠巨盲蛛的两只眼睛集中在一个眼柄上，由周围五个发达的刺状突起保护着，整个结构如同一顶王冠。在它们脚部和头胸部的边缘也存在一些相似的刺状突起。

这种动物通过孤雌生殖的方式进行繁殖，即雌性母体在未受精的情况下产卵，因此，从卵中孵化的幼虫看上去和母亲一模一样。也正是出于这个原因，人们很难见到雄性皇冠巨盲蛛或对其进行研究。

■ 上图：皇冠巨盲蛛（*Megabunus diadema*）的刺状突起保护着它的眼球。

（*Leiobunum*），其中最奇特的成员是圆盲蛛（*Leiobunum rotundum*），它们常见于英国及其周边岛屿。这种长脚盲蛛圆圆的身体呈栗棕色，长长的步足则为黑色，

这让它们能轻而易举地隐匿在高大的草丛和乔木、灌木的枝杈间。长脚盲蛛捕食小型无脊椎动物，如蜗牛、螨虫和毛毛虫，它们时常潜伏在人造光源附近，等待着捕捉那些

记事本

奇特的出租车

在长臂彩虹天牛的鞘翅之下，生活着一种小小的伪蝎（蛛形纲），它们把长臂彩虹天牛当作交通工具，以抵达新的领地，并在那里找寻新的食物来源和下一个合作伙伴。为了牢牢地附着在长臂天牛身上，确保自己在它们飞行时不会掉下来，这些伪蝎会分泌丝线，将自身附着在长臂彩虹天牛的腹部。当它们到达最终目的地时，它们会生产一簇新的、有黏性的丝线，并把它钩在长臂彩虹天牛降落的地方。从这里开始，伪蝎彻底将这些昆虫"出租车司机"抛在了身后。

▆ 上图：一只伪蝎攀附在一只长臂彩虹天牛（*Acrocinus longimanus*）身上。
▆ 右图：长臂彩虹天牛成为伪蝎们首选的交通工具。

被光亮吸引来的猎物。

长脚盲蛛科动物需要水和其他液体才能存活，它们通过啃食或吸食树枝上成熟的水果汁液来获得必须的养分。

长臂彩虹天牛

长臂彩虹天牛（*Acrocinus longimanus*）又称"丑角甲虫"，是一种生活在乌拉圭和墨西哥的昆虫。"丑角"的称号与它们鞘翅（昆虫第一对较厚的翅膀，也是鞘翅目动物的特征之一）上艳丽的色彩有关——它们黑色的鞘翅上点缀着黄色、红色或绿色的斑点。雄性长臂彩虹天牛的特点是发达的前肢，它通常比整个昆虫的身体还要长。成年长臂彩虹天牛的体长可达7厘米以上，而它们的前肢还要比这再长1厘米左右。这一身体结构有利于它们在繁殖季节吸引雌性，也对它们在雨林细密

的树冠中移动十分重要。这种昼伏夜出的动物主要以植物为食，如树液、木头、蘑菇，有时它们也会吃动物的排泄物。为了产卵，雌性长臂彩虹天牛会寻找干枯的树干，上面生长着蘑菇，它们将自己的虫卵藏在其中。一旦找到合适的地方，它们就开始啃咬树皮，直到挖出一个近8毫米深的小洞，并在里面产下约20枚卵。

有些动物没有长长的腿，但它们有与身体极不相称的嘴，对于象甲科（Curculionidae）动物来说就是如此。它们细长的口器被称作"口吻"，有些种类的象甲的口吻甚至可能比身体还要长。更为奇特的是，它们的触角位于口吻一半的位置，而不是像大多数昆虫那样靠近眼睛。象甲科有80000多个物种，各自有着极为不同的

颜色，它们利用这些模仿色隐藏在土壤、叶子或根茎之间，比如松皮象甲（Hylobius abietis）；还有一些物种有着更为华丽的颜色，比如艳象甲（Eupholus）。在象甲科中，最奇怪的成员当属长颈象甲（Trachelophorus giraffa），它们只生活在马达加斯加地区。人们目前对这种昆虫的了解并不多，只是在最近几年才开始研究关于它

▶ 奇妙的甲虫

朽叶缘蝽（*Pephricus*）可以算是默默无闻，一眼看过去，人们常常将其误认为是竹节虫目（Phasmatodea）动物，比如叶蝽。这种昆虫主要生活在撒哈拉以南的非洲。它们身长只有1厘米左右，身体和触角边缘覆盖着许多小棘刺。朽叶缘蝽的身体呈米色，布有深棕色的图案，这让它们能够完美地藏匿在地上的枯叶中或树干上，它们能在树干上找到自己最喜爱的食物——树液。

▦ 左图：一只雄性长颈象甲（*Trachelophorus giraffe*）昂着它长长的头部，头部末端是它的眼睛和触角。

▦ 上图：两只朽叶缘蝽（*Pephricus*）完美地隐身于一种深受它们喜爱的植物的花序上，吸食里面的汁液。

们的生态学。

长颈象甲的特殊之处在于其身体形态，雄性长颈象甲的头部极为修长，由两部分组成。这个长长的"脖子"对战斗来说必不可少。两只雄性长颈象甲交战时，它们会把带有触角和眼睛的部分折叠到身体下方，再用更为结实的关节部位相互推搡。最终胜出的竞争者可以获得与雌性交配的权利。然

后，雌性用卷起的马达加斯加野牡丹（*Dichaetanthera*）叶子来建造巢穴，并在其中产卵。雌性长颈象甲的头部长度只有雄性的三分之一，这有助于它们细致地将叶片"打包"，并在产卵后将其切下。这个装有虫卵的"包裹"会被扔在地上干枯的树叶中，很快，这个"包裹"会和其他树叶一起变黄，从而成为一个极为隐蔽的伪装。长颈象

甲的这一习性直到2011年，才被科学家观察到。

在这些迷人的昆虫之中，也有几种昆虫让人类头疼不已，它们是食叶类动物（即以植物为食），许多象甲会破坏人类栽培的植物的叶子、果实和根茎，毁坏整株农作物。锈色棕榈象甲（*Rhynchophorus ferrugineus*）就是一个著名的例子，它给东南亚的椰树作

超过3厘米，翼展可达到6厘米，它们有着几乎完全透明的翅膀，这让它们能够在任何环境中伪装自己。不仅如此，蝶翼的透明部分并不反光，透过翅膀看到的环境图像十分清晰，没有任何失真。这些特征都使它们的双翼看上去几近隐形。宽纹黑脉绡蝶身体结构的秘密一直不为人所知，直到一群来自卡尔斯鲁厄理工学院的研究人员开始研究其纳米结构，才破解了这一惊人的现象。雌性宽纹黑脉绡蝶将卵产在与颠茄同属茄科（Solanaceae）的植物上，它们的幼虫就以这种植物为食。这种茄科植物的叶子具有毒性，有毒的成分在宽纹黑脉绡蝶幼虫体内积累，让它们也随之带有毒性，因而使捕食者敬而远之。而在成年阶段，它们则更喜欢在马缨丹属（Lantana）植物中找寻花蜜。此外，宽纹黑脉绡蝶也以其他植物的花蜜为食，比如菊科（Asteraceae）植物——这些植物也具有毒性，因此，就像它们的幼年阶段一样，成年宽纹黑脉绡蝶体内也含有有毒物质。事实上，在它们翅膀边缘唯一有颜色的部分，有着一系列动物界中经典的警戒色——红色、橙色、黑色和白色。这种蝴蝶的另一个特殊之处在于，它们每天能够飞行近20千米，与此同时保持每小时10千米的飞行速度。宽纹黑脉绡蝶在交配的季节会形成壮观的蝶群，大量雄性宽纹黑脉绡蝶会聚集在一起，吸引雌性的注意。

■ 上图：一只红天蛾（*Deilephila elpenor*）正栖息在花序上寻找食物。
■ 右图：一只刚刚破茧而出的宽纹黑脉绡蝶（*Greta oto*）正在等待透明的翅膀变得干燥，以做好飞行前的准备。

物造成了巨大的损失。这种昆虫将卵产在树干受损的脆弱部位，虫卵一旦孵化，幼虫就会在树干中挖掘隧道，用它们强劲的口器咀嚼木材，直到最终杀死它们所寄生的植物。

当我们想到蝴蝶时，脑海中会立刻浮现出五彩斑斓的翅膀，实际上，不是所有蝴蝶都背着多彩的调色板。以宽纹黑脉绡蝶（*Greta oto*）为例，这种蝴蝶的翅膀如玻璃一般，上面几乎没有任何为蝶翼增添色彩的磷粉。人们只有到中美洲和南美洲北部才能看到这种昆虫，它们多栖息在该地区的雨林中，它们的身影也出现在得克萨斯州和智利。宽纹黑脉绡蝶长度不

通常在人们的想象中，飞蛾是一种色彩暗淡的鳞翅目动物，能够在夜间很好地伪装自己，但事实并非总是如此。比如，当人们第一次在中欧见到红天蛾（*Deilephila elpenor*）时，一定会对它们美丽鲜艳的色彩感到惊奇！和大多数飞蛾一样，红天蛾也在夜间行动，在黑暗中绽开的花朵中寻找花蜜。它们之所以能够如此，是因为这种飞蛾有着出色的视力，在光线微弱的情况下也能很好地感知颜色，也就是说，它们有着彩色夜视能力！和其他物种不同的是，为了吸食花蜜，红天蛾会像蜂鸟那样悬停在空中，在一个位置上保持静止。事实上，红天蛾之所以以花蜜为食，正是因为它们这种奇特的飞行姿势需要消耗大量的能量。它们进食的方式也让红天蛾成为所在地区重要的授粉者，通过采食花蜜，它们能一边进食，一边帮助百分之十以上的植物物种繁殖。红天蛾的幼虫在白天和夜晚都能进食，这些毛毛虫的长度超过7厘米，它们的身上有两个斑点，用来拟态两只眼睛。当它们感到威胁来临时，就会将这两个位于身体前方的斑点膨出，让这两只巨大的"眼睛"突然出现在捕食者面前，以此挽救自己的性命！

绿尾大蚕蛾（*Actias selene*）是一种鳞翅目昆虫，主要在夜间活动。这种飞蛾的分布范围很广，其中包括亚洲的大部分地区。这些鳞翅目动物喜欢生活在雨林中，但在温带森林中，它们也能找到适合生存的栖息地。雄性绿尾大蚕蛾的体型小于雌性，后者的翼展长度可以超过15厘米。它们身体的颜色极其优雅，全身呈现出一种淡淡的蓝绿色，第二对翅膀的边缘和其长长的末端（即"长尾"）则点缀着更为温暖的颜色，比如粉色和黄色。在翅膀内侧，还有四个色调一致的斑点。绿尾大蚕蛾的学名中"selene"一词（在古希腊，这个词意为"月亮女神"）表示它们散发着丝绸般的光芒的翅膀令人联想到凉凉的月光。不幸的是，这种动物的美丽注定是短暂的，因为成年绿尾大蚕蛾在变形期结束后仍未长出口器。因此，它们的寿命很短，只有几天或最多一个星期，这也让它们求偶与繁殖的时间变得尤其宝贵。

幼体绿尾大蚕蛾的颜色比成虫浅得多，通常呈明亮的苹果绿色，背面和侧面带有黄色的刺状突起。正是由于它们的颜色和体型，这些美丽的大蚕蛾受到收藏家的追捧，这无疑为这种动物的生存带来了许多难题。 ▓

▓ 左图：一只绿尾大蚕蛾（*Actias selene*）刚刚破茧而出，等待第一次飞行。
▓ 第144～145页图：这幅精彩的红天蛾特写让我们能欣赏到它明艳的色彩。

水中的怪咖

　　潜入水中，我们可能会邂逅一些神秘的生物，它们通常生活在人类无法涉足、从未探索过的地方，但有时，它们也会出现在我们面前，让我们知道，地球上还有许多事物等待我们去研究。实际上，即使是再出名或规模再庞大的物种，也有着一些令人惊奇的独特的身体和行为特征，这为研究者提供了一种独到的研究视角，而这些特征也正如科学家们所研究的这些动物一样独一无二。水中的怪咖可能相当丰富，因为水生环境，尤其是海洋环境，在数千年甚至数万年间都没有太大的变化。因此，水生生物们有着充分的时间发展出一些特别的适应能力，以更好地在这种环境中生存。在浩瀚的海洋中，尤其在暗无天日的深海，隐藏着一些最为奇特的动物。极端甚至近乎无法赖以为生的生存条件使这些动物的外观发生了不可思议的变化。而在海岸四周最浅层的水域，也隐藏着大自然所创造的出乎意料的奇迹。

左图：一条萨尔弗滕（*Uranoscopus sulphureus*）藏身在沙子中，只将口部的拟饵暴露在外，等待着一些毫无戒心的猎物上钩。

稀奇古怪的鱼类

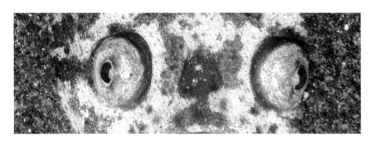

水下世界生活着无数生物，我们不难在其中发现一些有着独特的外观或行为习惯的鱼类。

月鱼

说到稀奇古怪的海洋生物，我们不得不从其中的"王者"开始。月鱼（*Lampris guttatus*）是海洋中一种体形极大的捕食者，体长可达180厘米，体重则能够达到令人惊叹的50千克，而这只是被捕获的所有月鱼测量值中的平均数。它们的身体呈略长的椭圆形，颜色为淡蓝色，身体上点缀着圆形的白色斑点，与明艳的红色鱼鳍形成鲜明的对比。它们的吻部较小，呈红色，

看上去就像化了妆。月鱼的游泳姿势非常奇怪，它们并不依靠尾巴推动身体，而是用强壮、坚硬的胸鳍。因此，可以说，它们游泳时的样子看上去就像在水中"飞行"。

这种鱼类的分布十分广泛，在世界各地的热带、亚热带和温带水域都很常见，但它们主要生活在远离海岸的远海。月鱼肉质鲜美，在美国西海岸和夏威夷群岛等地算是一道美食。尽管没有牙齿，在大海中，月鱼可谓是个贪婪的捕食者，

水母和乌贼是它们最爱的食物。月鱼的另一个特征则是恒定不变的体温——它们能保持一个固定的体温，不受海水温度的影响。因此，它们可以被认为是一种恒温动物，就像鸟类和哺乳动物一样。

达氏蝙蝠鱼

要说拥有最稀奇古怪的外观的动物，达氏蝙蝠鱼（Ogcocephalus darwini）当仁不让。这种鱼类是加拉帕戈斯群岛和秘鲁海岸特有的物种，体长一般在40厘米以下。它们生活在深度约10到100米处的沙质海底，常见于开阔海域，但在珊瑚礁或河口附近也有分布。它们的身体呈浅棕色，体型近似三角形，全身扁平，头部较大。显然，达氏蝙蝠鱼最突出的特征就是它们的红唇，它们肉嘟嘟的嘴唇呈现出鲜艳的红色嘴唇四周围绕着一些细小的"绒毛"，嘴角向下，这让它们看上去像是在噘嘴。这个奇特的嘴唇的功能可能与繁殖有关。达氏蝙蝠鱼头部正面还有一个十分突出的凸起，上面也覆盖着绒毛，它被称作"喙"，但实际上，它是背鳍的变体！身为鱼类，达氏蝙蝠鱼却并不是一个熟练的游泳选手，这种有趣的动物通过"行走"的方式在海底移动，这是因为它们的胸鳍和腹鳍的形状就像脚一般。此外，臀鳍也起到了助力作用，上面布满了螺旋状的小刺！达氏蝙蝠鱼是一种肉食动物，以贝类、虾和小型鱿鱼为食，这些猎物会被达氏蝙蝠鱼分泌的一种液体吸引，自然而然地向它们靠近。

萨尔弗腾

萨尔弗腾（Uranoscopus sulphureus）是地中海和大西洋东岸海底沙地中的常驻民，它们可以在深度为15米至100米左右的沙质海底中半隐半现，等待毫无察觉的猎物接近它们的巨口。

萨尔弗腾的身体长度可达30厘米，外形极易辨认：它们的头部大而扁平，眼睛、鼻孔和口部向上；它们的口中长着两排锋利的牙齿，还有一个可以活动的突起，形状类似一条"毛毛虫"，其作用是将猎物吸引到它们的嘴边。萨尔弗腾褐色的皮肤上有许多白色的斑点，这让它们看上去和沙子十分相似。除此之外，和许多鱼类一样，它们腹部的颜色较浅，背部颜色较深。萨尔弗腾有两个背鳍，第一个背鳍较小，呈三角形。在用来保护鳃的鳃盖骨后侧，则是一个用来防御的毒刺。然而，它们真正的古怪之处藏

在眼睛后面，那里有两个能够释放电流的器官，可以产生大于五十伏特的弱电。由于雄性与雌性萨尔弗腾的放电功能不同，有推测认为这一功能与它们的求偶活动有所关联，但这一点尚未得到证实。

牛角箱鲀

牛角箱鲀（*Lactoria cornuta*）的名字取自它们奇特的外形。这种鱼呈平行四边形，身体直径从头至尾逐渐缩小，看上去就像一座金字塔的横截面。成年牛角箱头顶有两个显而易见的长棘，而另外两个长棘则指向相反的方向。因

为全身被骨质外骨骼和较厚的骨板覆盖，它们的身体十分坚硬，只有眼睛、鳍、口部和肛部暴露在外。牛角箱鲀的身体呈黄色，上面点缀着蓝色或棕色的斑点，有些种类则更接近芥末色。吻部末端是一个强有力的"喙"，但与其他近亲不同的是，牛角箱鲀坚硬的喙并不是用

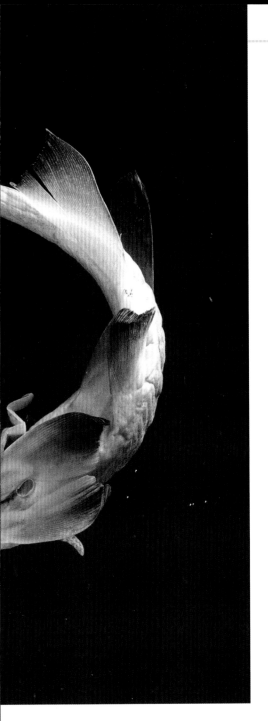

左图：美洲匙吻鲟（*Polyodon spathula*）那与身体极不相称的吻部有助于它捕食浮游生物。

上图：一条牛角箱鲀（*Lactoria cornuta*）的头部和身体末端两侧长着奇怪的长棘。

来折断珊瑚的，这种鱼类有一种十分独特的进食方式：它们会从口中吐出一股强大的水流，来搅动海底的沙子，于是猎物就这么被冲刷而出，其主要捕食小型无脊椎动物。

幼年角箱鲀经常成群结队地聚集在河口红树属植物附近平静而微咸的水域中，而成鱼则独自在近海地区活动。牛角箱鲀不擅长游泳，很容易成为渔民的猎物，但它们的肉无法食用，因为牛角箱鲀的肝脏含有一种强大的神经毒素，即"四联毒素"，它能麻痹呼吸肌，使食用者窒息而死。然而，尽管带有剧毒，牛角箱鲀仍会成为某些金枪鱼的食物。

牛角箱鲀广泛分布在印度洋和太平洋温暖的水域中，在日本与大洋洲的海岸地区，以及北美洲与非洲西部之间的大西洋中都能看到它们的身影。这是一种极受水族爱好者喜爱的动物，野生牛角箱鲀的体长可以达到45厘米。

匙吻鲟

在被陆地包围的淡水中，也生活着一些长相怪异的鱼类，匙吻鲟（*Polyodon spathula*）就是一个这样的例子。这种大型鱼类栖息在北美洲密西西比河流域的河流中，长度可达2米，体重可达80千克。这是一种极为原始的鱼类，具有包括骨（头骨）和软骨（除头骨外的其他部位）在内的全副骨骼，以及锋利的鳍。匙吻鲟体型修长，背鳍位于身体的后半部分，尾鳍不对称，上叶比下叶更为发达。

匙吻鲟是罕见的滤食性淡水鱼类中的一员，它们利用长长的吻部平衡泳姿，并将大量的水吸入口中；长吻亦可以作为一个"传感器"，因为其中分布着能感受弱电场的感觉器官。游泳时，匙吻鲟张开大嘴，让头部两侧充满气体，从而形成一种类似漏斗的结构，以便用鳃过滤吸入的水。它们在夜间捕食浮游生物，白天则在河流底部休息。由于人类的过度捕捞，匙吻鲟被国际自然保护联盟列为濒危物种——在过去，它们的卵曾被制成鱼子酱大量出售。

翻车鲀

无论在成年后还是刚刚破卵而出时，这种鱼类都有着怪异的外形，翻车鲀（*Mola mola*）又称"月亮鱼"，但奇怪的是，在英语中它们却被称作"太阳鱼"（sunfish）。从侧面看，成年翻车鲀就像一个圆盘，因为它们的尾鳍实在短得没有什么存在感。然而，它们位于身体后侧的背鳍和臀鳍大而有力，使得它们的轮廓很有特点。翻车鲀通过侧向摆动三角形的背鳍和臀鳍，以一种相当奇特的姿势游泳。它们的胸鳍不太发达，其作用是改变身体运动的方向。它们的鳃裂很小，看上去就像位于胸鳍前部的两个小孔。翻车鲀的嘴巴很大，有两片肉嘟嘟的嘴唇。它们的眼睛位于狭窄的身体两侧，这让它们的表情看起来总是有些"困惑"。

翻车鲀是一种大型远洋鱼类，也就是说，它们是开阔海域的爱好者，在整个热带、亚热带和温带海域有着广泛的分布。它们的体长可达4米，它们背鳍末端到臀鳍末端之间的距离也是4米左右。翻车鲀重达2吨，是世界上最重的多骨鱼！它们以浮游生物和小型鱼类为食，水母也是它们喜欢的食物之一。翻车鲀是一个非常多产的物种，它们能在深海的水流中产下多达3亿枚鱼卵，用以繁殖后代。它们的寿命之长同样令人印象深刻，据说，有些翻车鲀的寿命几乎可以达到一百年。翻车鲀是水中怪咖的代言人，这不仅体现在它的外观、繁育能力和超长的寿命上，还表现在它们独一无二的习性中。事实上，在阳光明媚的日子里，它们会浮出水面，让自己厚厚的皮肤（其厚度可达15厘米）变得温暖，这可能就是翻车鲀在英语中的名字sunfish（太阳鱼）的来源。除此之外，它们的皮肤上寄生着许多微生物，这就是为什么有时它们能在黑暗中发亮（即生物发光现象）的原因。

最后一个古怪之处体现在刚刚孵化的幼体上：与成年翻车鲀不同，翻车鲀幼体看上去就像一颗直径2-3毫米、中间有一只四处扫视的大眼睛的小星星。说到这里，翻车鲀真是一种兼具所有最广为人知的天文元素的鱼类——包含了太阳、月亮，还有星星！

▌ 上图：一只成年翻车鲀（*Mola mola*）。

独树一帜的甲壳纲动物

无论是阳光明媚的海滩，还是暗无天日的海底，都栖息着许多迷人的生物，但它们总是得不到人们的注意，不仅因为它们体积很小，在昏暗的深海中，我们很难观察到它们的模样。

甘氏巨螯蟹（*Macrocheira kaempferi*）是一种典型的甲壳动物，它们遍布日本的海岸线，特别是本州岛和九州岛，以及骏河、相模与土佐海湾沿岸等介于北纬三十度到四十度之间的地区。这种生物的奇特之处在于，它们的足在世界上的节肢动物（*Arthropoda*）中是最长的！"节肢"（artropode）

一词的意思即"有关节的腿"。节肢动物生来具有外骨骼（一种坚硬的外部结构），为了能够灵活地移动，它们的肢体不同部分的外骨骼以一种"组装"的形式衔接在一起。甘氏巨螯蟹并不是地球上体重最重的节肢动物，但它们对足张开的跨度可超过5米，使它们成为节肢动物中最大的一种！巨螯

■ 第156~157页图：一只成年雄性甘氏巨螯蟹（*Macrocheira kaempferi*），这是地球上最大的节肢动物。
■ 上图：一只橙黄陆相手蟹（*Geosesarma aurantium*）藏身在茂密的植被中。

蟹的一个特殊之处在于，随着年龄的增长，它们的足会持续生长。最终，它们超长的足会变得像破冰斧一样尖利，这让它们能够轻松地移动和攀爬。我们很容易发现许多甘氏巨螯蟹的足并不完整，这是因为这些足非常脆弱，极易脱落。但所幸，这种动物在缺少三条腿的情况下也能继续生存，而且缺失的肢体在随后的脱壳过程中也会再次生长出来。它们的身体表面覆盖着粗糙有刺状小突起的甲壳，长度可达40厘米，而近20千克的体重也让甘氏巨螯蟹成为一种极为独特的节肢

动物。雄性与雌性甘氏巨螯蟹之间有着明显的区别：雄性体型较大，有一对长而发达的螯；雌性的体型则相对较小，且不具有这种用来求偶的装备。甘氏巨螯蟹可以称得上是庞然大物，它们的外骨骼上附着着藻类、海绵和其他海洋无脊椎动物，尤其是这些生物的幼体——这些微小的海洋动物很乐意搭乘巨螯蟹的顺风车，以求能在新的目的地获得其他食物来源。也正因如此，甘氏巨螯蟹拥有了完美地模仿陆地或沙质海底生态的外形。红色的纹理也有助于它们伪装自己，因为红

色是最先被海水吸收的颜色之一，在五十至六百米深、光线较为稀薄的海域，红色看上去就像蓝紫色，因而能完美地隐匿在海水之中。这些大型甲壳动物喜欢生活在海平面以下大约300米深的地方，这里的海水温度往往稳定在10摄氏度左右，但它们也能忍耐低约6摄氏度、高约16摄氏度的水温。对甘氏巨螯蟹而言，它们的外骨骼至关重要，可以用来保护自身免受捕食者的攻击，比如体型比它们更大的章鱼。这种蟹类乍一看似乎充满危险，极具攻击性，但实际上，甘氏

上图：一只陆相手蟹（*Geosesarma*）现身于一处在苹果猪笼草（*Nepenthes ampullaria*）花朵内部形成的小水洼中。它发光的眼睛让人联想到吸血鬼那致人昏睡的双眼。

巨螯蟹是杂食动物，也是海底"清道夫"，它们以死去的动物和植物为食，清理海床上的残骸。在极少见的情况下，人们也能看到它们捕食软体动物时，拨开猎物外壳的模样。

每年一月到三月，当繁殖季节到来时，甘氏巨螯蟹从深海向上爬升，最多可升高50米。雌性甘氏巨螯蟹不会任由它们的百万颗卵落入捕食者的口中，它们将卵附着在身体下方的足上，直到透明、无足而好动的巨螯蟹幼体孵化而出。由于足不停运动，这种运输卵的方式能

够更好地保证卵的氧气供应。不幸的是，这些奇异而神秘的甲壳动物正因人类的捕捞而濒临灭绝，因为在日本料理中，它们被认为是一种难得的美味。在过去的四十年里，针对甘氏巨螯蟹的捕捞活动正逐渐减少，并受到政府管控，如今，相关部门禁止在甘氏巨螯蟹的繁殖季节对其进行捕捞。然而，这种蟹类的种群存续情况目前仍不明确，因为科学家很难对它们进行观察和统计。

与甘氏巨螯蟹不同，陆相手蟹属（*Geosesarma*）体型很小，其甲壳直径不超过10毫米，只生活在陆

地和淡水中。这些小型甲壳类动物在印度、夏威夷和所罗门群岛都有分布。雄性与雌性陆相手蟹之间的区别是，雄性陆相手蟹的身体更接近三角形，而雌性看上去则更接近圆形。除此之外，雌性陆相手蟹还有一个用来孵化卵的腹囊。雄性陆相手蟹的足比雌性更大。陆相手蟹是杂食性动物，小型无脊椎动物是它们最爱的食物，它们的猎物有的出现在地面上，比如昆虫或蚯蚓，有的则在水下活动，比如各种各样的软体动物。陆相手蟹不介意食用刚死去不久的动物尸体或水果，因

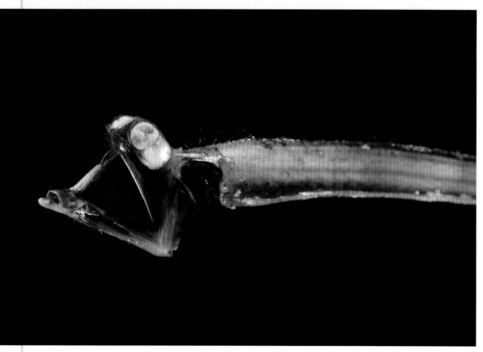

序内部或附生植物（生活在高大植物枝条上的其他植物）的根茎和枝叶之间形成的临时水洼里，并将这些植物作为用来攀爬的"梯子"。

陆相手蟹不仅能在这些地方找到食物，它们还能在此处找到适合繁殖的环境。科学家曾观察到携带着卵或幼体的雌性陆相手蟹暂居在这些由雨水积聚而成的小水洼中。它们通过将自己和孩子浸泡在"私人泳池"中，来保护后代免遭捕食者的攻击，比如蜻蜓的幼虫——这是一种极其贪婪的水生动物捕食者。

"吸血鬼蟹"这个独特的俗称并不意味着这种甲壳动物有着独特的行为或饮食习惯，而是与它们的外形有关。事实上，有些种类的陆相手蟹有着极为明亮的眼睛，这让人联想到传说中吸血鬼那令人惊恐、致人昏睡的双眼。

深海中的怪咖

几乎没有任何光线能够抵达这里，事实上，在一千米深的海域，唯一可以观察到的光线是由生物体自身发出的。因此，生活在深海之中的鱼类不仅需要在一个没有光亮的世界中生存，它们还要面对极为艰苦的生存条件：这里水压极大，温度极低，只有零摄氏度左右，同伴与猎物的数量都很少，食物极为稀有。这种水生环境唯一的优点是，这是目前最为稳定的环境之一，水压、亮度、温度与营养物质的数量从未发生过剧烈的变化。

■ 最上方的图：约氏黑角鮟鱇（*Melanocetus johnsonii*）是最著名的深海鱼之一，它的头部有一条皮质突起，这是它用来诱捕猎物的诱饵。
■ 上图：鞭尾鱼（*Stylephorus chordatus*）的管状眼清晰可见。
■ 右图：角高体金眼鲷（*Anoplogaster cornuta*）露出足以致命的牙齿。

此，在回收并再利用其生活的生态系统中的营养元素这一方面，它们发挥着非常重要的作用。这些淡水蟹在水源附近挖掘用以藏身的洞穴，事实上，它们的鳃可以吸入水，获取其中溶解的氧气。一旦将

用来呼吸的珍贵气体分离出来，它们就必须再次换水。陆相手蟹十分擅长攀爬，为了逃避捕食者，陆相手蟹会设法爬到树上。通过这种方式，它们能够到达距离地面几米高的地方，藏身于植物枝条之间、花

或许正是出于这个原因，这里孕育出许多地球上最为奇特的生物。这个水下世界在很大程度上仍未被开发，因为在深度一万米以上的海沟附近，温度接近冰点，极大的水压也让大多数生物无法在这里生存。许多深海鱼类的一个共同特征是它们口中巨大而锋利的牙齿，这让它们能够牢牢地抓住它们在行动时遇到的为数极少的猎物。

约氏黑角鮟鱇（*Melanocetus johnsonii*）和角高体金眼鲷（*Anoplogaster cornuta*）都拥有这种足以致命的牙齿。后者的成体可以在五千米深的海域中活动，而幼体角高体金眼鲷则更喜欢生活在相对较浅的海域中。显然，角高体金眼鲷是肉食动物，主要以头足类、其他鱼类和甲壳类动物为食，为了确保被抓到的猎物无法逃脱，它们口中长着极为发达的

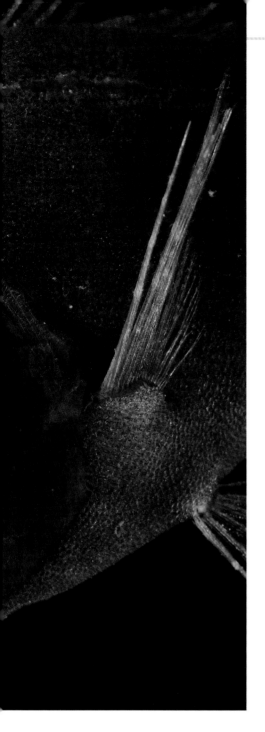

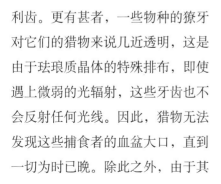
左图：一只角高体金眼鲷展示出它彩色的鳃。

上图：一只雌性乔氏茎角鮟鱇（*Caulophryne jordani*）的身体四周布满皮质突起。这种鱼类又被称作"垂钓蛤蟆鱼"。

利齿。更有甚者，一些物种的獠牙对它们的猎物来说几近透明，这是由于珐琅质晶体的特殊排布，即使遇上微弱的光辐射，这些牙齿也不会反射任何光线。因此，猎物无法发现这些捕食者的血盆大口，直到一切为时已晚。除此之外，由于其

特殊的材质，一些深海鱼类的牙齿就像我们人类的牙齿一样，是身体最为坚固的部位。通常情况下，这些动物也有着巨大的口部和独特的消化系统，它们的胃可以膨大到不合比例的程度，以容纳体型巨大的猎物。这让它们不会因为"胃口"的限制，错过难得一见、品质上佳、种类丰富的食物。它们庞大的口部可以张开至60厘米宽，这对所有生活在深海、以稀缺的浮游生物为食的鱼类来说都必不可少。鞭尾

鱼（*Stylephorus chordatus*）就是一个这样的例子。这是一种奇特的带状鱼类，成体可达28厘米长，它们以身长1-2毫米的小型甲壳动物为食，后者又被称作桡足类动物。

由于光线无法到达如此深的水域，深海鱼类不得不进化出形态特殊的眼睛。巴塞尔大学的一项研究在分析某些深海鱼类的遗传特征时发现，有些深海鱼类甚至可以辨别出许多其他生活在同样深度的、具有生物发光特性的海洋生

记事本

深海洄游者

长银斧鱼（*Argyropelecus affinis*）是一种生活在大西洋（热带地区）、印度洋和太平洋的物种。其奇特之处在于它们的眼睛呈管状，能够前后伸缩至一定的长度。这些望远镜式的眼睛还配备了一对大大的晶状体，就像配有大光圈镜头的相机。长银斧鱼双眼的晶状体呈黄色，向上翻转，被外层更大的晶体保护着。黄色有助于捕捉波长较短的光辐射，从而提高它们的视力。事实上，这是深海鱼类的一个共同特征，这种能力让它们能够捕捉到极少数可以抵达深海的光线。除此之外，长银斧鱼的腹部具有一排排发光器，即用来进行生物发光的器官。捕鱼者发现，长银斧鱼在白天常在更深的水域（深度400至600米处）活动，而到了晚上，在深度不到400米的地方就能捕获它们。这一发现引发了鱼类学家的猜想，他们怀疑这种鱼类可能每天都会在垂直方向上下迁徙，白天停留在深海，晚上则上浮到更浅的海域。这种行为可能与食物资源相关，长银斧鱼以浮游生物为食，因此，它们会跟随这些食物，日夜不息地上下迁徙。

■ 右图：长银斧鱼（*Argyropelecus affinis*）独特的管状、可伸缩的双眼得到了细致的展示。

物的颜色。生物发光即生物体产生光的能力，是许多深海鱼类的典型特征。它们发出的光线的颜色大多是蓝色、绿色、紫色和黄色。这种光线的生成通常是因为氧气和某些被称作"荧光素"的物质发生反应时，其产生的能量以光的形式表现出来。这种奇特现象的作用多种多样，它可以被用来威慑潜伏在四周的捕食者，在黑暗的环境中找到想要向其求爱的同类，或作为诱饵吸引猎物的注意。

乔氏茎角鮟鱇（*Caulophryne jordani*）就是一个用生物发光的能力吸引猎物的例子。这种特别的鮟鱇可以在一千多米深的海域活动，它们的身上生长着许多丝状突起。除此之外，位于头部的长茎顶端还有一个微小的生物发光器官，就像一根钓竿上的鱼饵，它的功能是吸引那些毫无戒心的猎物。

在众多深海鱼类中，许多物种的雌性个体的体型远大于雄性，乔氏茎角鮟鱇也是其中的一员。雄性会在遇见命中注定的另一半时，用牙齿附着在雌性的身上，再也不分开，通过这种方式，这些雌性深海鱼类一生都有生育的可能。另一方面，一些属于海鲢总目（Elo-pomorpha）的鱼类在躲避捕食者时，则会选择采取"隐形"的策略。这些鱼类通体透明，其中的许多物种都有着扁平的身体和极为纤细的骨骼结构，这种外形的一部分成因是在深海环境中，碳酸钙在极高的水压之下会迅速溶解，导致这

种元素在此处十分匮乏。

虽然在饱餐过后，这些鱼类的骨骼、眼睛和胃中的食物变得可见，但通常，它们的全身都几乎呈透明状。然而，有些捕食者却仍能捕捉到这些"隐身"的鱼类的身体所反射出的极少的光线。有些物种，比如角高体金眼鲷（*Anoplo-gaster cornuta*），它们的鳞片在幼年时期不含任何色素，但随着它们的成长，这件"外衣"会慢慢变成深棕色。■

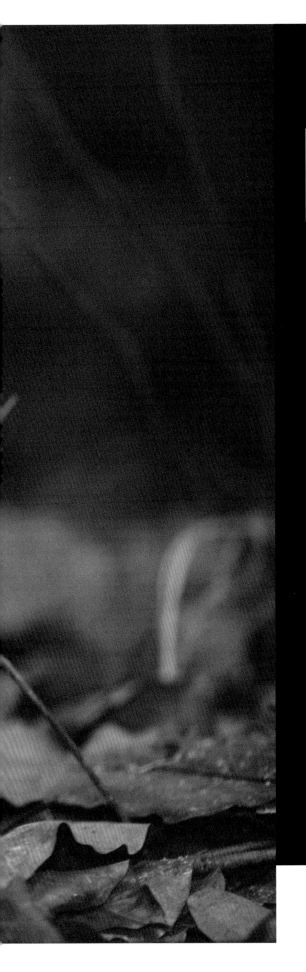

陆地上的怪咖

　　许多奇异的动物就生活在我们身边的陆地上，它们的体型通常很小，很难引起人们的注意。而那些体型大得多的陆地怪咖则往往生活在更为极端的环境中，比如茂密的森林或炎热的沙漠等人类极少涉足的地方。这就是为什么我们对许多独特而古怪的动物知之甚少。当前我们面临的重大风险之一，即由于气候变化或人类对其生存环境无意识的破坏，我们可能会永远失去一些可能连科学家也尚未发现的、迷人而神秘的物种。即使是那些种类不同，却总被误以为彼此相似的动物，也有着种种令人惊讶的形态。最后，有着各不相同的体型和栖息地的哺乳动物，为脊椎动物独特的外形和适应能力提供了丰富多样的范例。这些令人难以置信的动物可能会给人们留下可怕或令人厌恶的印象，但对另一些人来说，它们却是奇趣的来源。

　　左图：一只成年爪哇鼷鹿（*Tragulus javanicus*）露出长而弯曲的犬齿。

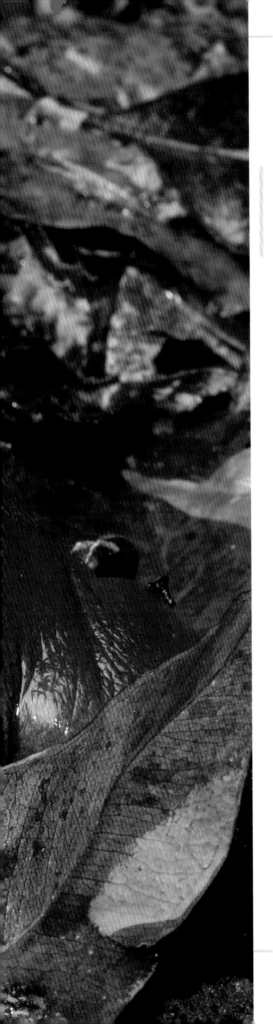

冷血怪客

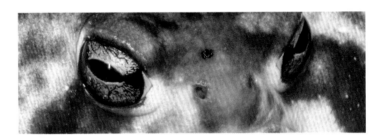

在很少得到关注的小型动物中，也有具有奇特外形或不同寻常的行为习惯的典型范例，它们之中有湿滑黏腻的两栖动物，有看上去像是史前生物的爬行动物，还有极为微小的昆虫。

非同凡响的青蛙

在位于印度西南部的西高止山脉，人们可以观察到西高止山鼻蛙（*Nasikabatrachus sahyadrensis*）的身影。这个地区被雨林覆盖，河流丰沛，气候易受季风影响。西高

止山鼻蛙十分神秘，直到2003年才被官方收录，尽管它们被发现的时间可以追溯到1918年。这种两栖动物可以生活在海拔800到1000的高度中，它们的身体形状相当圆润、扁平，看上去很特别。这样的外形

第168～169页图：一只西高止山鼻蛙（*Nasikabatrachus sahyadrensis*）伪装成枯叶的一部分。

上图：两只西高止山鼻蛙正在寻找食物。

右图：达尔文尖吻蛙（*Rhinoderma darwinii*）露出奇怪的尖尖的鼻子。

让它们在不得不逆流而上时，能够更好地吸附在湿滑的岩石上，从而在水流十分强劲的情况下，也能向着目标的方向移动。西高止山鼻蛙的奇特之处在于它们头部的形状，它们的头小而尖，长度约90毫米，末端有一个白色的纽扣状突起。西高止山鼻蛙的口部有一个十分狭小的腹面开口，其口部上侧坚硬，下侧较为柔软，因此在这里形成了一个凹槽，圆弧形的舌头在其中来回移动。它们身体的颜色也很特别，呈现出有些接近灰色的紫色。人们

对这种动物的行为与生活习性的了解不多，因为它们的大部分时间都在地下一米至三米深的地方度过。事实上，西高止山鼻蛙的后肢有一个突起，它的功能像铲子一样，方便挖掘土壤，西高止山鼻蛙会在几分钟内将自己埋在泥土中。

四月底至五月中旬的两周期间，季风雨来临时，西高止山鼻蛙会从自己的洞穴中出来，进行交配。雄性紫蛙比雌性体型更小，它们在雨季临时积聚的水流附近，用它们的单声囊"呱呱"鸣叫，吸引

雌性的注意。每只雌蛙可以在河道附近岩石的缝隙中暂时形成的水洼里产下三千多枚卵。西高止山鼻蛙蝌蚪长着一种特殊的口器，使它们能够将自己固定在水下的岩石上，并啃食在上面形成的藻类。它们需要三个多月的时间来完成一整个蜕变过程，最终步入成年。这时，它们会钻入地下，在那里找到一处安全的庇护所，它们甚至无须走出地下就能觅食，因为与许多其他在地表捕食的近亲不同，西高止山鼻蛙以地下生物为食，它们尤其擅长用

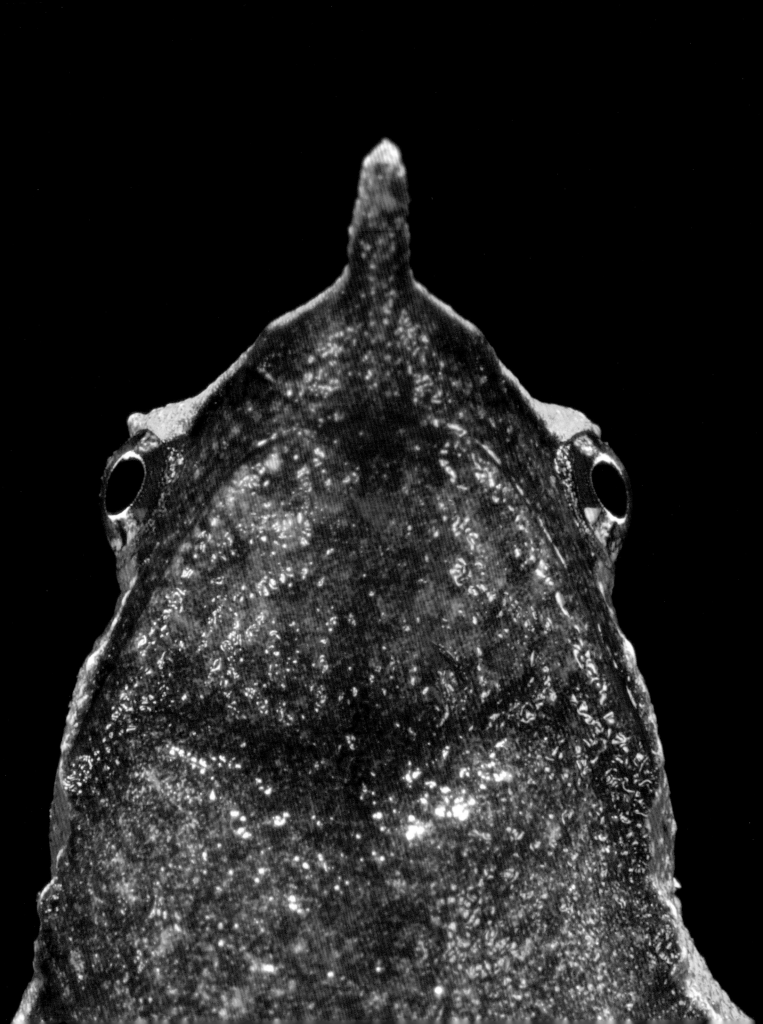

舌头捕食白蚁。

　　出于各种原因，西高止山鼻蛙被认定为一种濒临灭绝的动物。首先，研究人员尚不清楚这种动物实际的种群规模——迄今为止，只有一百三十多只西高止山鼻蛙被发现，其中只有三只是雌性。第二个原因是它们的栖息地正在慢慢消失，西高止山鼻蛙赖以生存的森林正遭到人类的砍伐，以便为不断增产的咖啡、豆蔻、可可、橡胶树和生姜开辟新的土地，或用以建造改

材，而成体则被用于制作传统药剂或护身符。

达尔文尖吻蛙（*Rhinoderma darwinii*）是一种小型蛙类，体长只有20多毫米，它们曾生活在智利和阿根廷中部与南部地区，然而现在，那里却鲜有它们的身影——如今，它们生活在海拔一千米以上的地区。这种动物常见于温带森林、沼泽森林和泥炭沼泽等有河流缓慢经过的地方。

达尔文尖吻蛙的口鼻部呈三角形，其末端有一个奇怪的肉质"鼻尖"。它们的身体颜色非常特别：背面呈米色，有时缀有深棕色的条纹；头部和四肢有明亮的绿色斑点；腹面呈黑色，上面长着大块的白色斑纹。达尔文尖吻蛙昼伏夜出，但有时，它们也有在白天晒太阳的习惯。每年十一月至次年三月是它们交配的季节，在此期间，雄达尔文尖吻蛙会日夜不停地"呱呱"鸣叫。这种蛙类还进化出一种特殊的亲子关系：在交配期，雌蛙会产下大约40枚直径几毫米、完全透明的卵，蛙卵一经受精，就被藏在巢穴里叶子下面，由雄蛙精心照料。雄蛙会在受精卵即将孵化时将它们收集起来，放在自己的声囊里，约七十二小时后取出。刚刚破卵而出的蝌蚪与大多数蛙类的幼体不同，它们没有外部的

鳃和用以捕食的"牙齿"或喙，也没有极为发达的尾鳍。事实上，达尔文尖吻蛙的蝌蚪并不会被释放到水塘中，而是一直被保存在成年雄蛙的声囊中，直到它们完成变形。在这一为期七十天左右的过程中，蝌蚪为了自身成长，既要取食卵黄囊（一种用以储存幼体发育所需物质的结构），又要用皮肤吸收雄蛙声囊内产生的黏性物质。一旦口器发育完成，幼体就会离开父亲的声囊，开始独立生活。

成年达尔文尖吻蛙以小型无脊椎动物为食，它们采取伏击的捕食策略，伪装自己，在原地安静地等待，让猎物尽可能地靠近，然后一口将其吞下。当感到捕食者的威胁时，它们要么会仰面朝天、一动不动地装死，要么逃入水中，腹面朝上，浮在水面上。

20世纪80年代，达尔文尖吻蛙的分布范围十分广泛，如今，它们却成为一种脆弱的濒危物种，这是许多原因共同作用的结果。比如对栖息地的破坏让它们的生存环境受到限制，变得支离破碎；森林砍伐和外来（非本地原生）植物的种植，如松树和桉树，改变了这些地区的原始植物群。此外，干旱与火山爆发等这些地理区域常见的自然现象的频发也使得这种有趣的两栖动物的生存面临严峻的考验。

变季风降雨期间水流方向的水坝。另一个原因与人类对西高止山鼻蛙幼体与成体的捕捉相关。西高止山鼻蛙蝌蚪是当地特色菜肴的主要食

■ 上图：一只散疣短头蛙（*Breviceps adspersus*）伏在泥土中以保持皮肤的湿润。

■ 右图：当感到危险来临时，散疣短头蛙会将自己膨胀起来，摆出防御的姿态，意图吓退捕食者。

散疣短头蛙（*Breviceps adspersus*）是另一种奇特的两栖动物，主要分布在包括南非、纳米比亚、博茨瓦纳、莫桑比克、安哥拉和赞比亚在内的非洲南部地区。这种动物不喜欢生活在森林中，而更偏爱开放的沙质土壤环境，如被青草与灌木覆盖的大草原。散疣短头蛙又被称作"雨蛙"，这是因为它们总在雨后的夜间从地下钻出来，以躲避白天干燥、炙热的地面。事实上，只要观察它们短小粗壮的四肢，我们就能发现这是一种擅长挖掘的蛙类，散疣短头蛙能在湿度适宜的土壤中钻到约三十厘米深的地方，在那里生存。在春季或初夏，当降雨量变大时，散疣短头蛙就会从它们位于地下的庇护所中钻出来觅食或繁殖。这种两栖动物的颜色可以完美地融入大草原的环境中——它们的身体主要呈浅米色，

背部的皮肤表面缀有大小不一的棕色斑点和小疙瘩。散疣短头蛙身长可达50厘米以上，有着独特的圆形身体，当它们感到危险来临时，就会将自己充满气体，将四肢牢牢地插入地面，看上去就像一只有四条腿的气球。与其他蛙类不同，散疣短头蛙极少跳跃，而是更多地用四条腿快速交替前行。

雄性与雌性散疣短头蛙之间的区别十分明显：雄性的体型比雌性小得多。在雨季，为了吸引未来的配偶，雄性散疣短头蛙会在地面凹陷处的"练歌房"里放声鸣唱，在这里，它们的身体可以被草丛或树根掩盖，从而得以很好地伪装自己。它们的歌声类似短促而沉闷的哨声般的声响。在潮湿、多云的天气，它们的歌唱甚至能持续几天几夜。

随着空气湿度的降低，雄性

散疣短头蛙会迅速撤退到位于地下的庇护所中。由于它们的体型很小，在交配过程中，雄性散疣短头蛙无法从后方紧贴雌蛙，因此，后者会分泌一种类似胶水的物质，让它们在交配时能够保持紧密。这对夫妇由此结合在一起，它们会共同挖洞，直至挖到较为湿润的土壤，并在深达三十厘米处产下约四十五

枚被胶质物包裹着的卵。雌性散疣短头蛙会时刻留意巢穴的动静，直到受精卵孵化。不同寻常的是，孵化出的幼体散疣短头蛙并非蝌蚪，而是已经成型、约有5厘米长的小散疣短头蛙。

这些小散疣短头蛙以昆虫的幼虫为食，随着它们一天天长大，它们也会捕食成年昆虫，尤其是白蚁。散疣短头蛙尚未面临灭绝的风险，因为就目前而言，它们所居住的地区没有被人类过度开发，有些栖息地已被列为保护区。

角平尾虎

角平尾虎（*Uroplatus phan-tasticus*）是一个地区性物种——这种动物只分布在在马达加斯加中部与北部的雨林中。这是一种小型壁虎，体长不超过10厘米，常见于海拔400米到1000多米的地区。它们的尾巴狭长、扁平，形状就像一片叶子，尾巴边缘呈锯齿状，仿佛这片叶子已经干枯或被动物啃食过。它们的背部呈深色或米色，上面遍布着不同色调的斑点，比如棕色、黄色、紫色、橙色，还有深色的条

纹，就像枯叶的脉络。角平尾虎的腹部是棕色的，上面细小的黑色斑点使它们更易藏身于树叶中。尾巴形状的作用也是为了掩饰动物的轮廓，从而防止捕食者或潜在的猎物从远处就能发现它们。

角平尾虎昼伏夜出，有了这身伪装，当它们在黑暗中寻找猎物时，几乎无法被发现。这种爬行动物还有更多伪装自己的本领：休憩时，它们会将身体平铺在树皮表面，以免投下阴影。它们保持头朝下、尾巴朝上的姿势，待在树枝或树皮上时，会与周围环境融为一体，难辨真假。如果在捕食者面前，这样的伪装仍不起作用，角平尾虎还有一个"B计划"：它们会突然张开嘴巴，露出里面明亮的橙红色，并发出尖叫，试图吓跑毫无准备的捕食者。在极端情况下，它们会把尾巴留给敌人，然后迅速逃离现场！就像所有壁虎一样，角平尾虎没有眼睑，它们借助自己长而灵活的舌头清洁角膜上的灰尘和其他污物。

角平尾虎还有一个更出名的俗称——撒旦叶尾壁虎，"撒旦"这一称呼不仅来自它们巨大的、致人失神的砖红色眼睛，还因为它们眼睛上的突起看上去就像恶魔的角。角平尾虎的大眼睛是它们在黑暗中狩猎的利器，能够帮忙它们捕捉最

左图：一只角平尾虎（*Uroplatus phantasticus*）完美地伪装在干枯的树叶中。

喜爱的食物，比如昆虫和蜘蛛。它们的脚趾末端有一种奇特的鳞片，使其能在树枝或树干上灵活地上下移动。角平尾虎的繁殖季节和雨季一同开始，雌性在覆盖着腐烂植物的地面上产下两到三枚球形的卵，这些卵将在三个月后孵化。不幸的是，这种令人生畏的壁虎正濒临灭绝，因为它们的栖息地正不断受到森林砍伐的影响，有些不择手段的偷猎者会在野外肆意诱捕这些动物，再将它们作为宠物贩卖。

角平尾虎已被世界自然基金会列入最受威胁的十大物种之一，它们的贩卖必须通过十分严格的法律监管，然而，这些法律并不总能得到有效施行。幸运的是，人们依然能在马达加斯加至少三个保护区内找到它们的身影，尽管非法捕捉角平尾虎的行为在这里亦有发生，但这些保护区的设立仍为拯救这种奇异而独特的爬行动物带来了希望。

记 事 本

甜蜜的蚂蚁

澎腹弓背蚁（*Camponotus inflatus*）是蚂蚁中一个种群规模较大的物种，通常被称作"蜜罐蚁"，常见于澳大利亚、非洲、北美洲和马来西亚。值得一提的是，蜜罐蚁源自澳大利亚。这些蚂蚁之所以出名，是因为它们之中的一部分成员会吸食蜜汁，它们胀起的腹部被蜜汁填满，在食物来源耗尽时，正是这些蚂蚁成为整个蚁群的食物储藏室。事实上，在必要时，工蚁会用自己的触角爱抚肚子里装满珍稀花蜜的蜜罐蚁，后者在受到刺激时，就会产出甜美的汁液反哺给幼虫及其他伙伴。蜜罐蚁的腹部是由坚硬的背部骨片和柔软的、富有弹性的滑动膜组成。当腹部充满时，这张膜被充分的撑开，当这些蚂蚁腹内空空的时候，这张膜就会被折叠起来，骨片也再次叠加起来。

▨ 左图：一只角平尾虎栖息在一根树枝上，露出它那致人昏睡的大眼睛上方的突起，正是这个部位为它赢得了"撒旦"的称号。

▨ 上图：这些蜜罐蚁（*Myrmecocystus*）腹部盛满了对整个蚁群来说十分珍贵的蜜汁。

聚焦 犬蚁

犬蚁属（*Myrmecia*）中已知有93个物种。这些昆虫发源于澳大利亚及其海岸周边岛屿，其中只有一种犬蚁栖息在新喀里多尼亚。犬蚁有着一些为人熟知的特征：坚实而高度发达的下颌、强烈的攻击性、在捕获比自己大得多的猎物时所展现出的协作能力、捕猎时表现出的惊人的弹跳力和它们那些令人痛苦的蜇刺。事实上，犬蚁有着蚂蚁世界中最强的毒性，可伸缩的刺连通着它们的毒囊，可以直接把毒液注入敌人体内。这种致命的液体在捕获猎物的过程中展现出至关重要的作用，它可能会对人体造成重大伤害，甚至可能引起过敏性休克。正因如此，有些物种身上带有鲜明的警戒色，比如黑色、红色和黄色。

犬蚁是令人畏惧的猎手，它们的大眼睛直径可达40毫米，这让它们拥有出色的视力。它们群聚而居，蚁穴主要建在地下。这是一种较为古老的蚂蚁，有着与其他物种十分不同的社会结构，目前仍待研究。举例来说，工蚁们分头行动，独自狩猎，而不是通过信息素向其它同伴传递方位，但它们也会释放这种物质，以向同伴们发出警示，吸引它们的注意。这种情况在它们试图捕食体型较大的动物——比如蜘蛛——时，就会发生。犬蚁以各种各样的无脊椎动物、小型两栖动物和爬行动物为食。

左图：两只贪食犬蚁（*Myrmecia gulosa*）正用它们的触角来辨认对方。

别具一格的哺乳动物

在哺乳动物的世界中，也有着许多令人惊叹的存在，这些动物居住在不同的栖息地，从最偏僻的岛屿到大陆平原，有的甚至生活在地形复杂的雨林中茂盛的树冠之上。

鹿豚

鹿豚（*Babyrousa*）是印度尼西亚一些岛屿上常见的猪科（Suidae）动物，作为游泳健将，它们不仅能越过河流，还能穿过较为狭窄的海湾，从一个岛屿游到另一个岛屿上。鹿豚通常傍水而居，但它们也喜欢光临那些覆盖整座岛屿的茂密雨林。鹿豚是一种相当古老的猪科动物，有着极为奇特的外，鹿豚属中的一个亚种毛发十分稀疏，看上去像是几乎没有任何毛发。这种动物具有杂食性，以植物的各个部位为食，如根茎、芽、叶、果

实，它们也会吃蘑菇。然而，与许多其他种类的野猪不同的是，鹿豚没有用来挖地取食的喙骨。因此，它们通常更多地在泥土和沙土中寻找树根和小型无脊椎动物，作为食物来源的补给。

这种动物天生就拥有一副强大的咀嚼肌，这让它们能够咬开坚硬的种子的外壳，它们最奇怪的特征是雄性鹿豚那向上翘起的巨大犬齿。特别是上犬齿，这对犬齿缓慢生长，刺穿上颚并向后弯卷，有些鹿豚的犬齿末端的"翻卷"十分明显，甚至可能会碰到它们的额头。这些犬齿的长度通常可以达到25厘米以上，主要作为雄性鹿豚的第二性征，供雌性用以选择它们的最佳伴侣。当然，在遭遇危险或种群内部发生斗争时，这样的牙齿也能作为一种防御性武器。在交配的季节，雄性鹿豚彼此争斗，有些个体可能会在这一过程中折断它们宝贵的犬齿，因此，看到犬齿断裂的鹿豚时，我们也无须感到奇怪。不幸的是，正是这些奇特的犬齿给鹿豚带来了最大的生存威胁，收藏家们为了满足自己对这种珍奇战利品的需求，对鹿豚展开猎杀。

▓ 第182~183页图：两只正在打斗的雄性鹿豚（*Babyrousa babyrussa*）。
▓ 左图：一只鹿豚露出它长长的犬齿。
▓ 上图：一只星鼻鼹（*Condylura cristata*）。

星鼻鼹

在美洲大陆，我们可以见到一种生活在地下十分古怪的哺乳动物——星鼻鼹（*Condylura cristata*）。这种动物常见于美国和加拿大较为潮湿的地区，它们的特点是鼻子周围二十二个遍布神经末梢的线状肉质突起。这些突起顶端的感受器被称作"艾默尔器官"，是这些鼹鼠的典型特征，具有最基本的感受功能。星鼻鼹的鼻部有两万多个感受器。然而，这些感受器究竟是如何起作用的，仍然是个谜。据观察，在拦截和捕捉猎物时，这些感受器有助于提高星鼻鼹的行动速度，事实上，这些鼹鼠几乎没有任何视力。

2006年，一项研究揭示了这种小型哺乳动物是如何在地下甚至水下感知气味或散发气味的物质的。

星鼻鼹能够潜水，如果它们偶然遇到"感兴趣的东西"，就会向其发射气泡，然后再次吸入这些气泡，感知它们的气味。事实上，这种鼹鼠正是凭借这一方法在水下寻找软体动物、小型无脊椎动物甚至小型水生脊椎动物，来丰富自己的食谱。它们还有着优越的体温调节能力，在水温较低的环境中也能很好地适应，因此它们在冬天不会冬眠。

短尾鼩

在澳大利亚西部地区，我们可能会在一块非常狭小的地区发现这种奇特的有袋动物——短尾鼩（*Setonix brachyurus*）。这种可爱的小动物属于袋鼠科，和其他袋鼠一样，短尾鼩也是草食动物。而与之不同的是，它们主要在夜晚活动。这种动物喜好在凉爽的夜间进食，白天则在它们生活的干旱地区中的灌木树荫下休息。短尾鼩的体型很小，身高几乎不会超过50厘米，重量也通常在5千克以下。

短尾鼩敦实的身体与袋鼠极为不同，它们有一身爬树的好本事。长长的后肢是袋鼠科的典型特征，因为它们的祖先主要通过跳跃进行移动，但在进化过程中，由于骨骼结构和肌肉组织发生了变化，短尾鼩的运动方式也随之改变，使它们能够在较低矮的树上移动。然而，在地面上活动时，短尾鼩的跳跃技巧略显笨拙，它们无法越过高于一米的障碍物。

这些小型树栖有袋动物也能很好地适应没有永久性水源的生存环境，它们直接从取食的植物中获得所需的水分。由于人们把与它们合影的照片上传到社交媒体上，短尾鼩的受欢迎程度也随之大大增加——奇特的口鼻部让它们看上去

左图：一只雌性短尾鼩（*Setonix brachyurus*）"微笑"着和它的幼崽一起吃草。

似乎一直在微笑。

狨

在本章的最后，我们想要聊聊南美洲小型灵长类动物中两个十分有趣的物种——皇狨（*Saguinus imperator*）和棉顶狨（*Saguinus oedipus*）。皇狨的学名和俗称都诞生于19世纪和20世纪之交，来自当时极受欢迎的普鲁士国王威廉二世。这种灵长类动物最显眼的特征就是它们嘴巴两侧粉红的皮肤上有两簇引人注目的白色"胡须"，这让人不禁联想到德国皇帝那人尽皆知的大胡子。也正是出于这个原因，当19世纪末的标本制作师在为这种动物制作标本时，将它们的"胡子"捏成向上的模样，但实际上，这两簇须发是向下的。皇狨身上的奇特之处并不止于它们的口鼻两侧，与大多数灵长类动物不同，它们的拇指（趾）上有扁甲，其余各指（趾）则都呈尖爪状。整体来看，皇狨的体长约60厘米，而它们的尾巴就占据了约35厘米，它们的体重则不超过0.5千克。

相比之下，棉顶狨体型更小。奇怪的是，这种通常被称作"俄狄浦斯"的动物在德语中却被叫作"Lisztaffe"，即"李斯特猴"，这个名字也指一个在德国文化中以奇特发型著称的人物——著名的作曲家和指挥家弗朗兹·李斯特。在这位音乐家的晚年，他习惯将头发向后梳成长度及肩的波浪形，这无不让人联想到棉顶狨头上那与黑色面庞形成鲜明对比的炫目的"白发"。

当受到威胁或处在特别兴奋状态时，这种灵长类动物会用后腿站立，将白色的绒毛竖起来，让自己的体型看上去更为庞大。可惜的是，棉顶狨是世界上最接近濒危的灵长类动物之一，野生棉顶狨可能还不到6000只，仅集中在哥伦比亚北部地区。

世界自然保护联盟（IUCN）将皇狨归类为LC（低危）类动物，而棉顶狨则被划分到CR（极危）类。目前已有针对两种珍稀物种的人工繁育计划，但如若人类不立即停止对其有限的栖息地的破坏，所有试图拯救这一不可思议的物种的努力都将功亏一篑。

■ 右图：一只狨（*Saguinus imperator*）正在展示它长而优雅的"胡须"。
■ 第190～191页图：一对棉顶狨（*Saguinus oedipus*）正在一根树枝上休息。

聚焦 迷你食草动物

鼷鹿（*Tragulus*）生活在东南亚地区，是最小的有蹄类动物。它们的身高几乎不会超过40厘米。这些奇特而又神秘的哺乳动物在地球上覆盖着茂密丛林的地区过着半水生的生活。它们有着大大的眼睛，这是因为它们为了躲避生存环境中的众多捕食者，习惯在傍晚或夜间出没。鼷鹿的食谱以植物为主。

这种动物的奇特之处在于，它们的外形看上去十分神秘，就像不同动物的混合体。它们的鼻端长而灵活，能够嗅到潜伏着的危险气息，有时，它们会用后肢站立，以便嗅闻到更大范围的气味。它们的外形特征包括短短的脖子、敦实的身体、短小的尾巴、又短又细的四肢和四根长着细小指甲的脚趾。总的来说，这种动物看上去比例失调，有些滑稽。毫无疑问，鼷鹿最引人瞩目的特征是如镰刀一般尖锐的上犬齿，这些牙齿十分细长，从嘴里伸出来。别致的鼻子上方是又短又圆的耳朵。除了可以活动的口鼻部外，它们还有一条长而灵活的玫瑰色舌头，可以用来清洁鼻腔。

在马来语中，鼷鹿又被称作"kancil"。当地人认为这种会反刍的小型动物十分聪明，还为它们量身定制了一句俗语："像鼷鹿一样机灵。"

左图：一只小鼷鹿（*Tragulus kanchil*）正在婆罗洲的密林中寻找食物。

3 / 动物世界的冠军

概 述

令人惊叹的动物

野生动物拥有一些人类难以匹敌的非凡能力，因此，自古以来，一直受到人们的崇敬。过去，许多宗教都会借用动物的脸部特征来描绘神灵，用这种方法来激发民众的好奇心或者恐惧心理。哲学家和历史学家赞美国王和将领拥有动物的某些品格，而伟大的科学家则知道，研究动物是发明创造的关键一步。达·芬奇是文艺复兴时期最伟大的艺术家和思想家之一，为了绘制出飞行器，他仔细研究了蜻蜓、蝙蝠和老鹰等动物的翅膀结构和飞行模式，最终，用机械再现了动物的身体构造和运动方式。

人类并不会甘心接受自己"低动物一等"。为此，有人想要借助科技来完成一些人体做不到的事情，例如飞行。随着时间的推移，人类通过学习不断吸收新知识，在某些情况下，甚至可以超越野生动物，当然单靠日复一日的艰苦训练可做不到这一点，毕竟训练只能让少数人创造一般意义上的"纪录"，而不能完全突破人类身体的极限。超音速飞机使我们能以突破音障的速度飞行，在几小时内到达世界的另一端。潜水艇让我们可以尽情探索海洋深处，而不必担心氧气储备不足和水压变化。所有这一切成就

都要归功于人类的聪明才智和不断向大自然学习的能力。

非凡的适应能力

通过对动物世界越来越深入地观察和研究，我们发现在很多种情况下，动物身上那些让人着迷的奇特之处并非偶然出现的个例，而是缓慢进化的结果，有利于其自身在大自然中生存下来。

有一些动物利用这些特点捕猎；还有一些动物会利用这些特点来逃脱被捕食的命运。

为了能够生存下来，延续自己的基因，每个动物都需要拥有与其

生活环境相匹配的生存技能，这并不意味着完全顺应自然，也不意味着成为自然界的最强者，而是要进化出适当的生理特征，或者采取某些生存策略来弥补先天不足。自然选择是生物与自然环境相互作用的结果，地球上生物多样性是长期自然选择的结果，在对生物多样性进行研究后，我们发现同一环境中的不同生物采取了各异的生存策略：一些动物进化出特殊的身体特征，鲸目就是一种完全适应了水生生活的哺乳动物；树懒或候鸟等动物则通过特定的行为习惯，充分利用现有资源存活了下来。

在人类看来，有些动物适应环境的方法可能匪夷所思，甚至根本没有道理，但科学研究表明，动物采取的奇特方法与它们所处的生态系统息息相关。例如，旗鱼会将巨大的背鳍露出水面，使自己暴露在渔民的视线里，这个古怪举动对旗鱼保持身体健康来说至关重要，这一点我们在后文就会了解到。

此外，尽管人类今天能够以超常的速度奔跑或者进行长距离奔跑，在奥运会这种重大赛事中彰显自己的价值，但在自然界中，动物们的目标可不是获得奖牌，而是赢得生存之战。

有时个头大小很重要

体型大小自然是动物最显著的特征。在后文中，我们会认识一些名副其实的巨人，比如非洲象和西伯利亚虎，正是因为它们体型相当庞大，所以鲜有天敌。

在海洋中生活着像蓝鲸和鲸鲨这样的庞然大物，这一是由于海洋浩瀚无边，二是由于海水具有浮力，能够承载海洋动物的重量。

有些动物因为不合比例的身体部位，而不是体型大小而出名，比如，澳大利亚鹈鹕长着一个巨大的喙，长颈鹿有着极长的脖子。不过，在自然界中，小个头也可能是个优势，就拿犬羚来说，即便栖息

地食物稀缺，也足够它们生存。

　　有些动物因为怪异的行为，而不是某个身体特征或者能力而出名。婆罗洲猩猩会食用一些气味难闻的水果，它们的粪便也因此变得极臭。还有一些动物在捕食中展现

第194～195页图：草原非洲象（*Loxodonta africana*）是非洲大陆上体形最大的动物之一。摄于肯尼亚，凯乌鲁山国家公园。
第196页图：一只漂泊信天翁（*Diomedea exulans*）正在展翅翱翔。
上图：两只马赛长颈鹿（*Giraffa tippelskirchi*）交颈对峙前的一瞬。摄于肯尼亚，马赛马拉国家野生动物保护区。

▓ 上图：两只织叶蚁（*Oecophylla*）正试图驱赶一只危险的黑色行军蚁（*Dorylus nigricans*）。

▓ 右图：憨态可掬的柯氏犬羚（*Madoqua kirki*）是一种领地型动物，会用尿液和粪便标记它们的领地。摄于坦桑尼亚，恩杜图。

▓ 第202~203页图：一群在浅水区活动的弓头鲸（*Balaena mysticetus*）。摄于俄罗斯，鄂霍次克海。

出超强的能力，栉足蛛能够产生极其致命的毒液，非洲的蚂蚁则有着超乎寻常的分解吞噬能力，这可是一个不小的优势。

一份需要保护的遗产

不幸的是，人类活动和气候变化对许多神奇的动物造成了严重的负面影响，有些动物甚至面临灭绝的危险，因此，被列入世界自然保护联盟濒危物种红色名录。世界自然保护联盟是一个非政府国际间组织，负责监测世界上各个物种的保护现状。

原始森林中生长着各类植物，其中有着世界上体积最大和寿命最长的几种植物，它们是动物生存所依托的基本资源，然而人类大量砍伐原始森林，严重破坏了自然环境的生态平衡，将多个物种的未来置于危险之中。为了避免本文中提到的这些神奇动物走向灭绝，现在我们必须宣传和践行环保行动，弥补人类犯下的错误。▓

天生的奥运冠军

从事体育运动的专业运动员每天都要进行艰苦的训练，努力超越自己的极限，以获得参加奥运会的机会。在这个最负盛名的国际赛事中，为了赢得梦寐以求的金牌，运动员们一个个都会拼尽全力。在自然界中，许多动物拥有特殊的身体特征，天生就能展现出超乎寻常的能力，与奥运会不同的是，最厉害的动物选手的目标并不是获得奖牌，而是为了赢得生存之战，存活下来。在后文中，我们将会看到这样一种动物，它有着纤细的体形、四肢，以及强大的心肺功能，这使它有可能以近100千米每小时的速度奔跑、捕猎或者逃避捕食者的追击。我们还会认识一些拥有超凡耐力的鸟类，为了在气候适宜的地方过冬，它们会进行集体迁徙。除此之外，还有一种鱼能够射出特殊的"箭"，极其精准地捕捉昆虫。

左图：猎豹（*Acinonyx jubatus*）奔跑中的一瞬。摄于纳米比亚共和国。

灵巧界的冠军

长距离高空跳跃，在雨林的树枝上表演杂技，以方程式赛车的速度潜水，以100千米每小时左右的速度奔跑和游泳——动物们天赋异禀的身体素质使它们能够完成上述这些超乎寻常的壮举。

高角羚

如果要问哪种脊椎动物是跳跃冠军，人们肯定会回答：红大袋鼠，这是澳大利亚的标志性动物之一。事实上，红大袋鼠的弹跳高度能够达到约2米，一次跳跃可以跨越足足8~9米的距离，但它只能站在领奖台的第二级台阶上，

高角羚（*Aepyceros melampus*）才是金牌的获得者。这种食草动物生活在非洲中南部和东部的稀疏大草原上，在金合欢树附近活动，以嫩枝、灌木、果实、金合欢浆果和树叶为食，一个高角羚群的个体数量可达约100只，可能仅由年轻雄性高角羚组成，也可能由一只领头

第206-207页图：一只雄性高角羚
（*Aepyceros melampus*）正在进行一次远距离跳跃。摄于肯尼亚，马赛马拉国家野生动物保护区。

上图：一小群高角羚跑跳着穿过一条溪流。摄于博茨瓦纳。

的雄性高角羚与雌性高角羚及幼崽组成。

高角羚是花豹、猎豹、非洲野犬、狮子、鬣狗和鳄鱼等多种食肉动物所喜爱的猎物，老鹰和豺狗还会猎杀高角羚的幼崽。高角羚体长约150厘米，体重约60千克。为了躲避这些掠食者的追击，高角羚不仅掌握了向不同方向分散逃跑的战术，还能够凭借其敏捷和纤细的身

姿完成又高又远的出色弹跳。

在奔跑的过程中，为了越过灌木和自己的同伴，高角羚会用后腿发力，前腿着地，跳起3米高，10米远。此外，通过前后腿交替的方式，高角羚成功将自己从地面上弹了起来，在腾空阶段，它的后腿会做出后踢的动作，以增加其动力。

针对高角羚的偷猎行为屡禁不止，其栖息地因畜牧业而遭到破坏，尽管如此，高角羚并未被划入濒危动物的行列。

■ 上图：游隼（*Falco peregrinus*）俯冲入水时的速度可以超过300千米每小时。

游隼

为了完成一系列杂技般的跳水动作，并在入水时最大限度地减少高度所带来的巨大冲击力，人们不仅需要拥有极大的勇气，还要具备高超的技术和极强的身体控制力。如果一个普通体型的人从30米左右的高度跳下，他的下降速度可以达到几乎100千米每小时，考虑到这一点，你就能明白为什么奥运会跳水比赛的最高高度仅为10米，跳水仍然是项有风险的运动。如果在你眼里专业跳水运动员是超人的话，

那么你一定不能错过自然界中的这种动物——游隼（*Falco peregrinus*），它可以从岩石峭壁、摩天大楼或钟楼的顶部俯冲而下，扑向猎物。这种猛禽分布在世界各地，身长约80厘米，体重在400~1000克之间。雌性比雄性体型大约30%。游隼的翼展超过80厘米，再加上其独特的身体结构，游隼飞行时的速度可以达到每小时100千米左右，这比它们最喜欢的猎物——鸽子的飞行速度略慢一些。不过，这算不上什么问题，游隼会将猎物追逐至空旷处，向上爬升至一定高

度后，再将翅膀紧紧地收在身体两侧，向下俯冲，擒获猎物。游隼俯冲式飞行时的速度可以超过每小时300千米，是地球上速度最快的动物，这种捕猎方式不仅填饱了游隼的肚子，还使它成为令人闻风丧胆的掠食者。游隼翅膀上长着坚硬的羽毛，使它能够以超乎寻常的速度敏捷地飞行。不过，这种飞行方式是有风险的，因为游隼坚硬的羽毛非常脆弱，如果在飞行中撞到树枝，将会产生致命的后果，因此游隼需要在开阔空旷的地带进行捕猎。有时，为了捕食水中的鸭子，

上图：平鳍旗鱼（*Istiophorus platypterus*）是速游冠军，它的上吻如同长矛一般，背鳍的形状特殊，易于识别。摄于墨西哥湾。

游隼会不小心下潜过深，导致再也无法上来。

在过去，游隼非凡的捕食能力一直被养鹰人所利用，今天他们还会把游隼带到机场附近，利用游隼的威慑力让其他鸟群退避三舍，保证飞机安全飞行。

平鳍旗鱼

想要提高游泳速度，力量和敏捷性缺一不可。人类50米自由泳的最快世界纪录为8.6千米每小时。平鳍旗鱼（*Istiophorus platypte-rus*）是动物王国毋庸置疑的游泳冠军，它的游速可以达到110千米每小时，与平鳍旗鱼相比，人类简直是小巫见大巫。平鳍旗鱼广泛分布于各个大洋，背部呈深蓝色，侧面呈棕蓝色，腹部为银白色，上吻尖长如长矛一般，背鳍长约150厘米，是身体的两倍宽，看上去就像一面风帆，十分容易辨认。平鳍旗鱼的身体呈圆筒形，最大长度约为300厘米，重量约为100千克。平鳍旗鱼不具备性别二态性，雌性通常比雄性体型略大一些。

平鳍旗鱼以金枪鱼和鲭鱼等游速极快的鱼类为食，不过，它们的食谱中也包含头足纲软体动物。一些生物学家观察到平鳍旗鱼在高速游动前后会将背鳍露出水面，因此推测平鳍旗鱼发达的皮肤血管系统也许有着调节体温的功能，能够使身体变暖来供能，再释放热量以降温。平鳍旗鱼被海豚、大型鱼类和海鸟捕食，但并不是人类特别青睐的物种，只有钓鱼爱好者才会对它感兴趣。这种鱼类分布广泛，不属于濒危物种。

长臂猿

艺术体操运动员会练习高难度的跳跃和空翻等杂技动作。在大自然中，有一些动物可以轻轻松松地站上这个项目的最高领奖台。长臂猿（*Hylobates*）就是最具天赋的艺术体操选手，这些类人猿重4500～7000克，颜色为黑色、棕色到黄灰色不等，分布于东南亚、婆罗洲、苏门答腊岛和爪哇岛西部的雨林中。

长臂猿一生中大部分时间都在树上度过，它们擅长在交错的树枝间用"臂行法"的方式灵活移动。长臂猿会用手紧紧地抓住树枝，像挂钟一样摆荡身体，这种方式的移动速度可以达到每小时50千米。长臂猿的长臂和手腕上长有特殊的球状关节，使它们能够相当灵活地转动其手臂和手掌，完成"臂行法"的动作。它们还能在树间灵巧地跳跃，有时也会沿着树枝行走，双臂打开保持平衡，就像平衡木上的体操运动员一样。

长臂猿的食谱以水果为主，但有时也会摄入树叶和小昆虫作为补充。长臂猿是一种领地性很强的动物，一对长臂猿伴侣会在早上用歌喉来宣告自己的领地。然而，这种动物的生存也面临着诸多威胁，除了生活的森林遭到破坏外，它们还需躲避当地居民的捕杀，这两点也是大多数物种面临灭绝危机的原因。

▶ 攀岩冠军

在非洲和中东地区高达4200米的山上，生活着岩蹄兔（*Procavia capensis*），这是一种小型哺乳动物，约10只为一群，长约50厘米，重约5千克，保护状况良好。每当遇到危险时，这种可爱的动物会躲进岩石缝隙，或者爬上滑溜溜的岩石来躲避眼镜蛇、蟒蛇、非洲野犬、猫头鹰和老鹰等天敌。岩蹄兔的脚掌长有大而柔软的足垫，为了获得更好的抓地力，在攀爬时，它们会收缩腿部肌肉，使脚掌呈现出一种特殊的"杯"状，像吸盘一样牢牢抓住岩壁。蹄兔的后足第二趾上长有一个长而弯的爪子，用于自我清洁，其余趾甲都极厚，形似蹄状。向前移动时，岩蹄兔会用上所有的前足足垫和后足趾甲来获得更稳定的抓地力。正是因为有着上述特点，岩蹄兔才能够从一块岩石跳跃到另一块岩石上，灵活地爬树捡拾树叶，捕捉昆虫。

▨ 左图：一只灰长臂猿（*Hylobates muelleri*）正紧紧地抓住一根细枝和一条藤蔓，仿佛在表演杂技一般。摄于马来西亚，婆罗洲。

▨ 上图：岩蹄兔（*Procavia capensis*）能够在极其光滑的岩石上攀爬。摄于纳米比亚，箭袋树森林。

猎豹

百米赛跑是田径运动的重要项目，许多人都记得牙买加人尤塞恩·博尔特在2009年8月16日创造的纪录，他只用了9.58秒就冲过了终点线，最高速度约为每小时45千米。然而，在猎豹（*Acinonyx jubatus*）面前，这位伟大的冠军只能望尘莫及。猎豹能够在短短3秒内从零提到高速。根据20世纪50年代的测速结果，猎豹的奔跑速度可以达到每小时120千米，因此，这种优雅的猫科动物一直被认为是陆地上速度最快的动物。然而，在2013年，科学家们借助误差仅为50厘米的卫星无线电项圈进行实验，确定了猎豹的最高时速为每小时93千米，这样一来，在跑步这个项目中，猎豹只得屈居第二，金牌被另一位意想不到的短跑运动员获得，我们将在后文中揭晓这种动物。

猎豹有许多有别于猫科动物（Felidae）其他成员的形态特征：首先，猎豹体型纤细，体长约150厘米，体重不到60千克，四肢修长，脚掌粗糙，爪子半伸缩，因此，它的拉丁名为"*Acinonyx*"，意思是"不动的爪子"，这个特殊之处使得猎豹在奔跑时能够获得更多的抓地力。猎豹肩胛骨和脊椎的连接处非常灵活，能够最大程度上减少阻力。此外，猎豹宽大的胸椎容纳了强大的肺和心脏，支撑着发

达的肌肉组织；宽大的鼻孔保证了它们在高速状态下也能顺畅呼吸。最后，大约80厘米长的尾巴是猎豹的方向舵和稳定器，使它们在追逐中能够迅速转弯。所以，猎豹能够利用奔跑，而不是纯靠体力来捕猎。

猎豹并不会伏击猎物，在捕猎时，它首先会无声地接近猎物，当猎物逃跑时，猎豹会在后腿的推动下飞速冲出。在腾空阶段，猎豹的身体会像弹簧一样伸展开来，两只前脚掌先后着地，接着后脚掌着地，然后再蜷缩起身体，为下一轮

腾空而起蓄力。

　　然而，这种食肉动物最多只能以这种惊人的速度奔跑一分钟，在这一分钟内，它的呼吸频率最高可以飙升至150次/分，体温也会急速上升。因此，猎豹很快就会感到疲惫不堪，无法再继续奔跑。为了恢复

体力，它需要在阴凉处休息半小时。

　　猎豹曾经广泛分布于整个非洲和亚洲地区，但由于人类过度捕猎以及栖息地遭到破坏，如今，猎豹仅生活在非洲南部一些人烟稀少的零星地区，因此被列为濒危动物。

▨▨▨

▨ 上图：摄影师捕捉到了猎豹（*Acinonyx jubatus*）在奔跑冲刺中四肢伸展前的一瞬间。摄于肯尼亚，马赛马拉国家野生动物保护区。

力量与耐力的专家

要想赢得某些奥运项目，和敏捷的身手相比，更重要的是具有强大的耐力和充足的体力。有时，庞大的体型并不是打破世界纪录的必要条件，事实上，最强壮的动物是一只昆虫，耐力最好的动物是一只小鸟。

叉角羚

叉角羚（*Antilocapra ame-ricana*）奔跑时最高速度达到了惊人的98千米每小时，它从猎豹手中夺走了地球上最快奔跑者的称号。除了超快的速度之外，这种草食动物还有着极强的耐力，它们可以保持每小时60千米的恒定速度连续奔跑20千米。为了做到这些，叉角羚生来便身体纤细，心肺功能十分发达，四肢细长，蹄子上长有脚垫，可以吸收奔跑落地时地面的反作用

力，避免过大的冲击。

　　叉角羚是一种有蹄类动物，广泛分布于草原上，从加拿大南部到下加利福尼亚，从落基山脉到密苏里都能找到它们的身影。尽管这种动物是出类拔萃的奔跑者，然而它仍会被速度慢得多，但捕猎能力极强的狼等肉食性动物所猎杀。1979年，人们发现了已灭绝的惊豹的化石，研究表明，这种猫科动物的身体特征与猎豹非常相似，两者都有着长腿、短头、宽鼻孔和在奔跑时用于保持平衡的长尾巴，因此，学者们推测，叉角羚正是在躲避这些危险掠食者的过程中，慢慢进化出了如今的奔跑能力。

　　18000年前，随着北美猎豹的灭绝，叉角羚的数量达到了6000万只，成为北美洲分布最广的有蹄类动物，然而，由于过度狩猎，1924年，叉角羚的数量锐减到20000只。在经过特定的人工保护后，叉角羚的种群数量才得以恢复。尽管如此，直至今日，叉角羚生活的自然栖息地仍因农业、城市化和采矿等原因而遭到破坏。

▌第216~217页图：叉角羚（*Antilocapra americana*）是地球上最快的奔跑者。
▌左图：一群叉角羚保持每小时50多千米的匀速穿过墨西哥下加利福尼亚州的维兹卡诺沙漠。

斑尾塍鹬

马拉松是考验运动员耐力的比赛之一，在大自然中，斑尾塍鹬（*Limosa lapponica*）是马拉松比赛的冠军，这种鸟类能够完成从地球的最北端迁徙至最南端的伟大壮举。2007年，一些生物学家对一整个斑尾塍鹬群进行了卫星监测，在迁徙过程中，一只名为"E7"的雌鸟创造了一个特殊的记录：这只斑尾塍鹬从阿拉斯加西部的阿维诺夫角出发，最终到达新西兰的皮亚科河地区，在9天半的时间里，它保持着每小时50多千米的速度不间断地飞行了11680千米，中途没有进食。研究还表明，斑尾塍鹬会在8月底和10月初之间离开阿拉斯加、斯堪的纳维亚和亚洲北部地区的繁殖地，利用南风迁徙至少7000千米，最终抵达越冬地。

斑尾塍鹬的飞行高度在2000至5000米之间，因为飞行时长时间不使用胃和肠道，这两个器官的体积会明显缩小，在旅程结束时，斑尾塍鹬的体重已经减少了一半以上。向北迁徙的路线较长，为了保证在到达北方的沼泽湿地时，还有充足的能量繁殖，斑尾塍鹬会在新几内亚和中国等几个落脚点休息并补充食物。斑尾塍鹬的拉丁名中"*Limosa*"的意思是"淤泥"和"泥浆"，斑尾塍鹬正是在这种环境里筑巢并寻找小型无脊椎动物为食。

■ 上图：一群斑尾塍鹬（*Limosa lapponica*）正在进行一次史诗般的迁徙。

记事本

活的湿度计

除了强壮的身体外，海格力斯长戟大兜还有一个吸引昆虫学家前来研究的特性：它能够改变颜色。比利时那慕尔大学的研究人员发现，海格力斯长戟大兜的外骨骼会根据空气中的湿度大小由绿色变为黑色。研究人员已经证实，这种绿色并不是色素沉积的结果，而是由于水滴保留在多孔的外骨骼里面，与射入的光线之间相互作用，于是便呈现出了绿色而不是黑色。研究人员还注意到，海格力斯长戟大兜能够利用颜色的变化进行伪装：在白天，它是绿色的，就像树叶一样；而到了晚上，它是纯黑色的。海格力斯长戟大兜的变色能力仍在研究之中，人们想要从这种昆虫身上获取灵感，发明安装在食品储存装置中的湿度传感器来监测空气湿度。

▓ 左图：我们可以欣赏到一只雄性海格力斯长戟大兜（*Dynastes hercules*）有力的尖角。摄于哥斯达黎加。
▓ 上图：一只雌性海格力斯长戟大兜正在享用一颗成熟的果实。

▍海格力斯长戟大兜

举重项目的金牌由海格力斯长戟大兜（*Dynastes hercules*）夺得，它是世界上最大的甲虫之一，分布在玻利维亚、墨西哥、巴西和加勒比群岛的热带丛林中。

雄性海格力斯长戟大兜体长可达18厘米，头和前胸（即昆虫口器上方的前部）上的两只角突共同形成了一个钳子，构成了海格力斯长戟大兜身体结构的很大一部分。人们曾认为这种重量约为100克的昆虫能够承载其体重850倍的重量。然而，最近的研究推翻了这一点，在静止状态下，海格力斯长戟大兜最多可以举起10千克的重量，也就是自身重量的100倍。打个比方，这就像一个体重80千克的人能够举起8吨的重物一样！

在幼虫阶段，海格力斯长戟大兜以腐烂的树皮和树叶为食，这个阶段大约持续一年左右。在成虫时期，海格力斯长戟大兜会吃成熟的果实，此时，它们主要的任务就是繁殖，它们的寿命只有短短几个月。为此，雄虫之间会爆发激烈的冲突，在打斗中，两只雄虫会试图用钳子抓住对手，并压碎对方的翅鞘，也就是甲虫的第一对坚硬的翅膀，主要作用是保护第二对翅膀。

抹香鲸

　　尽管自由潜水并不属于奥运项目，但自由潜水也同样需要极强的耐力，以及大量的体能和心理训练，以使身体能够适应潜水和上浮阶段所承受的压力变化。2012年9月11日，霍马尔·莱乌奇（Homar Leuci）潜至131米深，并在这个深度憋气2.5分钟，创造了世界纪录。在自然界中，最长时间憋气的记录是由抹香鲸（Physeter macrocephalus）保持的，它们是世界上最大的有齿掠食性哺乳动物。抹香鲸平均体长约17米，体重约80吨。为了捕食巨型乌贼，它们可以屏住呼吸，最深下潜至2250米，在水下活动将近2个小时！一般来说，抹香鲸大多数情况下的下潜深度为400米，持续时间约为35分钟。抹香鲸之所以能够做到这点，是因为其血液中含有高密度的红细胞，能够产生大量的氧气，并通过减缓新陈代谢的方式，长时间储存这些氧气。此外，它们的呼吸系统能够适应水下压力的变化。潜水前，这种大型鲸类会在水面上停留约8分钟，每分钟呼吸3到5次；当它再次上浮后，其呼吸频率会增加到每分钟6到7次。通过研究抹香鲸的骨骼，人们发现反复潜入深海会侵蚀抹香鲸的骨细胞，使其更加脆弱，类似于低压会对人类造成的不良影响。

　　几个世纪以来，为了获得龙涎香，人们大量猎杀抹香鲸。龙涎香是抹香鲸的肠内分泌物，类似于润滑剂，用于保护抹香鲸免受乌贼坚硬的嘴喙和吸盘的伤害。龙涎香还是一种极好的定香剂，受到了香水公司的大肆追捧，幸运的是，人们已经找到了一种人工合成类似物质的方法。

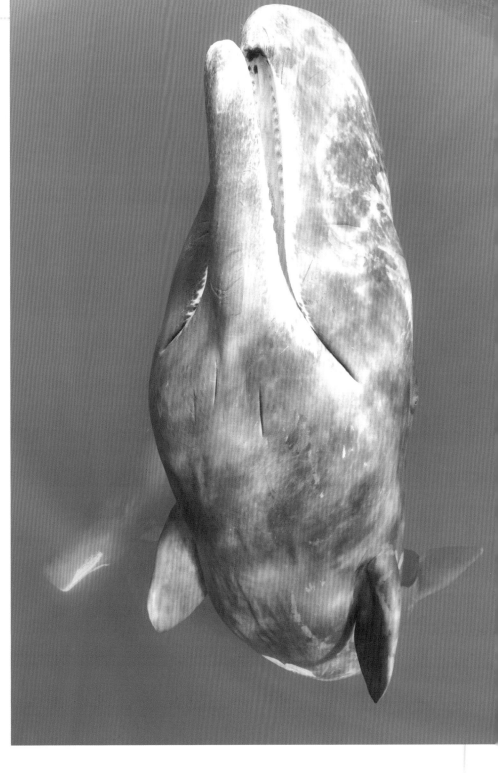

■ 左图：抹香鲸（Physeter macroceph-alus）为了捕食它们最喜爱的猎物巨型乌贼，会下潜至非同寻常的深度。

■ 上图：抹香鲸在长时间憋气后，返回水面呼吸。

动物界的奥运冠军

动物互动时的动作与某些奥运项目十分相似。例如，射水鱼捕食的动作与射箭类似；一角鲸在用头上的尖牙打架时，看起来就像个击剑手。

象海豹

自然界中共有两种象海豹：北象海豹（*Mirounga angusti-rostris*）和南象海豹（*Mirounga leonina*），前者生活在北半球，主要分布在加利福尼亚海岸；后者广泛分布在南美洲西部海岸地区至澳大利亚一带。雄性象海豹体长可以超过5米，体重逾3吨，体型几乎比雌性象海豹大10倍，这一特点在南象海豹身上尤为突出。象海豹得名如此，一是因为它的体型十分庞大，二是因为它的大鼻子与象鼻有些相像。

象海豹这种海洋哺乳动物大部分时间都待在海中，在1500米的海

第226～227页图：为了争夺雌性象海豹，两只雄性南象海豹（*Mirounga angustirostris*）通过撞击胸口和撕咬的方式打斗。摄于南乔治亚岛，黄金港。

上图：一群雌性北象海豹（*Mirounga angustirostris*）和一些一岁的雄性北象海豹幼崽。

洋深处捕食大型鱼类和巨型乌贼。

北象海豹的繁殖期在一月，南象海豹的繁殖期在十月，它们会在海滩上花三个月时间与尽可能多的雌性交配。为了抱得美人归，首先，雄性象海豹要站在高处炫耀自己的庞大体型，然后用鼻子发出非常有力的响声。如果这还不足以赶走竞争对手，那么两只雄性象海豹之间就要爆发一场战斗，它们会用胸口相互撞击，用锋利的牙齿互相撕咬。象海豹有一个由厚厚的皮肤和脂肪层组成的硬实胸脯，在抵御重击的同时也能御寒。自1972年起，美国规定禁止猎杀、诱捕和干扰象海豹。如今，在加州已经繁育了超过124000只象海豹，因此，象海豹不再被视为濒危物种。

一角鲸

击剑是最优雅的奥运项目之一。在格陵兰、加拿大和俄罗斯的北极海域，生活着一个神奇的"击剑手"——一角鲸（*Monodon monoceros*）。一角鲸和白鲸共同构成一角鲸科（Monodontidae），

与白鲸不同的是，一角鲸属于中型鲸类，体长4～5米，它们上颚左侧的犬齿像一把剑，刺穿上唇，上面长有逆时针螺旋状纹路。

雄性一角鲸其他的牙齿小到几乎不存在，唯独这颗犬齿不断生长，长度可以达到150～300厘米，重量达10千克。科学家们对这颗特殊的犬齿的作用提出了各种假设。曾有人认为它被用在雄性间的争斗之中，就像剑客之间的决斗一样。然而，这种牙齿内部分布有许多神经末梢，可以将海水带来的刺

激信号传递至大脑，因此，也有人推测它其实是一种感觉器官。一角鲸雄性之间摩擦犬齿的行为不是在相互攻击，可能是为了交换不同水域的信息。鳕鱼是一角鲸夏季的主要食物，在2016年无人机拍摄的视频中，我们可以看到一角鲸袭击并刺死了鳕鱼，然后将它们连同海水一起吞下。对一角鲸的生存来说，犬齿可能并没有那么重要，因为没有犬齿的雌性一角鲸比雄性活得更久。今天，一种被人们普遍接受的假设认为，犬齿是一角鲸的第二性

征，像鹿的鹿角或孔雀的尾羽一样，犬齿主要的作用是吸引雌性。

虎鲸是一角鲸的天敌，除此之外，一角鲸的肉和牙还吸引了因纽特人前来围猎。今天，气候变暖导致了冰雪融化，一角鲸是受此影响最大的动物之一，随着北极冰盖的缩小，它们躲避掠食者的空间也在不断缩小。

上图：雄性一角鲸（*Monodon mono-ceros*）的左犬齿就像为这种鲸类配了一把真正的剑。摄于加拿大，努纳武特地区，巴芬岛。

▶ 双长牙一角鲸

对一角鲸的研究表明，15%的雌性一角鲸也会长出雄性的特殊犬齿，不过长度要短得多，螺旋纹路也不那么明显。此外，在500头雄性一角鲸中，有1头的两个上犬齿可以全部发育为著名的剑。

射水鱼

　　射箭也是一个引人入胜的奥运项目，运动员必须在70米的距离外击中一个直径为122厘米的目标，靶心直径只有12厘米。动物世界的射箭冠军无疑是射水鱼属（Toxotes）的7种射水鱼，古希腊人称这种鱼为"弓箭手"。射水鱼在15～40厘米之间，分布在亚洲和澳大利亚的潟湖和树沼之中。

　　射水鱼会喷射水柱来捕食昆虫，成年射水鱼的射水距离可以超过1.5米。这种鱼的眼睛很大，几乎全部位于前额，因此拥有双眼视觉，能够准确地估算出自身与物体之间的距离。在捕食时，它们会上浮至水面，当发现停在树枝或树叶上的昆虫后，便把嘴靠近水面，迅速闭鳃，将水引入上颚处的一个凹槽并用舌头压住，喷射出水柱。

　　被击中的猎物失去平衡，便会掉进水中，很快落入射水鱼口中。射水鱼最让人惊奇的一点是它解决了折射角的问题，实现了不可思议

的精准射击。折射是一种现象，当光穿过水到达空气中改变了介质时，被观察物会出现轻微的偏移，这就是为什么在肉眼看来，一根半浸在水中的树枝像是被折断一样。年幼的射水鱼会观察成年射水鱼的动作来学习捕食技术，但它们仍需要时间来不断精进技艺。

尽管今天射水鱼的自然栖息地正在缩小，但它们并未被认定为濒危物种。▮

▮ 左图及上图：一条射水鱼（*Toxotes chatereos*）射出一道水柱，试图击中叶子上方的蜘蛛，然后再跃出水面，万无一失地捉住猎物。

个头大小的问题

上文介绍的动物都具有一些不可思议的运动天赋，除此之外，地球上还有许多奇特的动物。有些动物的外貌十分独特，它们无须做出捕食或逃跑等举动，无论在什么时候，一眼就能被注意到。在这一章中，为了寻找那些因其体貌特征而引人注目的动物，我们将从广阔的大洋游历至寒冷的北极，还会到访一些气候最为干燥的动物栖息地，探索各种自然环境。有些以貌取人的人会先入为主地认为这些动物十分危险，然而在许多情况下，它们本质上爱好和平，鲸鲨和格陵兰鲸这样的大块头就是如此。本章不仅会讲述动物界中巨人的故事，也会将关注点放在一些小不点儿的身上，如优雅的黑脚猫和怪异的倭狨。

左图：一只雌性倭狨（*Callithrix pygmaea*）和它的幼崽们。

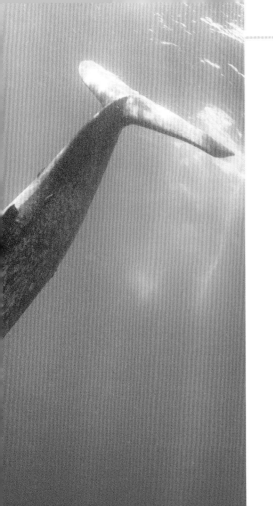

天生的巨人

体型庞大的动物往往会令人望而生畏。然而，在某些情况下，这些动物并不都像老虎那样危险，它们其实是和平爱好者，只是想安安静静的过日子。

蓝鲸

在大自然中，有一些动物拥有特殊的身体特征，因此，从芸芸众生中脱颖而出，须鲸亚目的蓝鲸（*Balaenoptera musculus*）就是这样特殊的存在。当蓝鲸靠近海面活动时，人们可以看到它仿佛与大海融为一体般的逆光剪影，第一眼很容易将其误认为一艘大型潜艇。蓝鲸体形瘦长，呈深蓝色，给人一种无与伦比的沉静之感。

蓝鲸体型庞大，体长可以达到33米，重量超过180吨，是目前地球上体积最大的动物。这样的庞然大物自然会令人望而生畏，不过，蓝鲸实际上是一种相当平和

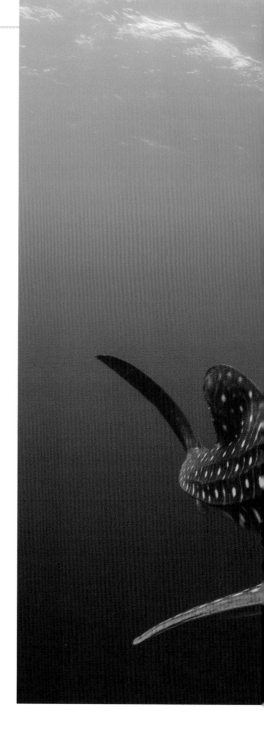

第234～235页图：一头雄伟的蓝鲸（*Balaenoptera musculus*）在印度洋中遨游。

上图：蓝鲸主要以磷虾和桡足类动物为食，桡足类是小型水生甲壳类动物。

右图：鲸鲨（*Rhincodon typus*）体长最大达18米，是世界上最大的鱼类。

的动物，它们主要以小型浮游甲壳类动物、磷虾和桡足类动物为食。蓝鲸吸入海水之后再将海水从鲸须滤出以捕食这些猎物。鲸须是一种特殊的薄而长的片状物，取代了牙齿，发挥了过滤器的作用，帮助蓝鲸将食物留在口中。

过去，人类大量捕杀蓝鲸，使其数量急剧下降。不过，自20世纪70年代以来，由于捕猎禁令得到有效施行，蓝鲸数量正在缓慢恢复，可惜这还远远不够，蓝鲸目前仍面临着灭绝的危险。在大自然中，虎

鲸是它们唯一的天敌，虎鲸会成群结队地捕食蓝鲸这样的庞然大物。

鲸鲨

水下世界不仅仅属于鲸类，也属于鱼类，后者才是水中的统治者。在水温从不低于21℃的热带和温带海域，生活着一种巨型生物——鲸鲨（*Rhincodon typus*），从这个名字我们立马就能猜出这是一种体型特别庞大的鲨类。

事实上，它们是世界上最大的鱼类，平均体长在10米左右，在某

些情况下可以超过18米。

鲸鲨的外表类似鲨鱼，然而相较于鲨鱼，其背部更加宽大和扁平。皮肤厚约15厘米，触感比较粗糙。鲸鲨的颜色非常独特，背侧呈深灰色，腹侧呈白色，除此之外，鲸鲨身上还布满了灰白色的斑

点和条纹，每条鲸鲨身上的斑点和
条纹都各不相同，可以用来辨认身
份，就像人类的指纹一样。与蓝鲸
类似，鲸鲨并不是一种特别危险的
生物。鲸鲨的嘴里没有鲸须，但长
有许多排小牙齿，它会用一个特殊
的鳃来过滤海水，留下浮游生物、

乌贼和一些小鱼。如今，由于人们
的过度捕捞，鲸鲨也面临着灭绝的
危险。

▤ 上图：草原非洲象（*Loxodonta africana*）的体型相当庞大，是地球上最大和最重的哺乳动物，草原非洲象幼崽会花很多时间来玩耍。摄于纳米比亚，埃托沙国家公园。

▤ 右图：草原非洲象的外形特征十分特殊，长着一个与上唇相连的长鼻，即象鼻，以及两个高度发达的上门齿，即象牙。

草原非洲象

在探索了水下世界之后，我们现在去寻找生活在陆地上的巨人。在非洲生活着陆地上最大、最重的哺乳动物——草原非洲象（*Loxodonta africana*），它的体型着实令人印象深刻——一头成年雄象的体长可以远远超过6米，肩高几乎达到4米，体重超过8吨！

这种迷人的食草动还有一个让人过目难忘的身体部位，即明显偏大的牙和鼻子。象鼻顶端与上唇相连，功能十分多样，抓取物品也不在话下。事实上，象鼻末端长有两个指状的部分，可以将食物送到嘴里，还可以"吸"水饮用或喷在自己身上降温。象牙其实是从嘴里伸出来的两颗发达的上门牙，成年雄象的象牙甚至可能超过150厘米长。

鉴于其非同寻常的庞大体型，草原非洲象的天敌并不多，但狮子是它需要小心防备的对象，特别是在幼年时期。不幸的是，人类依旧是草原非洲象最大的威胁，盗猎者盗取象牙的行为已经严重危及这一物种的生存。如今，草原非洲象已经被列入世界自然保护联盟濒危物种红色名录之中。

■ 左图：一张孟加拉虎（*Panthera tigris tigris*）的精彩特写，它与东北虎（*Panthera tigris altaica*）一起被认为是世界上最大的猫科动物。摄于印度，班达迦。

■ 上图：尽管东北虎的名声不好，但事实证明它是一个和蔼可亲的母亲。

老虎

猫亚科（Felidae）是猫科（Felidae）下的一个亚科，让我们在其中继续这场寻找体型庞大的动物之旅。猫科动物天生优雅，它们的幼崽十分可爱，令许多人为之着迷，但不要被它们的外表欺骗了，猫科动物是娴熟的掠食者，捕猎行动几乎百发百中。虎（*Panthera tigris*）是世界上最大的猫科动物，然而它也是名声最差的猫科动物。虎有多个亚种，其中体型最大的两种是东北虎（*Panthera tigris altaica*）和孟加拉虎（*Panthera tigris tigris*）。包括尾巴在内，雄性东北虎和孟加拉虎的体长可达3米，体重可达300多千克，其中东北虎的体型最为庞大，体重甚至可达400千克。从雨林到针叶林，从炎热地区到西伯利亚的凛寒之地，这些猫科动物已经适应了不同自然环境的生活。大部分老虎在黄昏和夜间捕食，但有时也会在白天活动。它们喜欢利用打埋伏的方法进行捕猎，鹿、水牛和野猪等大型哺乳动物是它们的首选猎物。

由于老虎出色的体格优势，这种动物在野外没有敌人，人类是它们唯一的威胁。传统医学认为老虎身体的某些部分可以入药，它的皮毛还会被拿来售卖，老虎被认为是极其凶猛的动物，对人类构成了潜在的危险，因此一直遭到人类的捕杀。除此之外，老虎的栖息地也正在不断缩减，变得支离破碎，如今，所有的虎亚种都被认定为濒危物种。

▶ 啼哭的巨人

在两栖动物中，我们也可以找到一种巨人——大鲵（*Andrias davidianus*），不过与上文那些动物的体型相比，大鲵要小得多，雄性大鲵体长"只能"达到180厘米出头。这种不寻常的两栖动物有一个特点，即能够发出类似于婴儿一般的啼哭声，这就是为什么它在中国也被称为"娃娃鱼"。尽管大鲵是保护动物，但它仍遭到大量的非法捕猎，再加上其栖息地遭到破坏，世界自然保护联盟已经将该物种划分为极度濒危等级。

┃ 网纹蟒

在爬行动物中也有一些非同寻常的大块头，比如网纹蟒（*Malayopython reticulatus*）就是一种非常特别的蛇类。网纹蟒最长可以达到950厘米，是世界上体型最长的蛇类，不过在大多数情况下，该物种不超过650厘米。这种蛇类生活在东南亚地区，曾杀死并吞食过人类，因此在当地臭名昭著。不过，网纹蟒的捕猎对象十分多样，人类并不是它们最喜爱的猎物，它们会伏击其他蛇类、老鼠、鸟类、

青蛙、鳄鱼、鱼类、猴子和野猪等动物，用身体将猎物缠绕起来，用力收拢，使猎物窒息而死。

网纹蟒是卵生动物，每条雌性蟒蛇每年繁殖期平均可产30~60枚卵，这些卵会在地洞或树洞中孵化。网纹蟒在宠物市场中有着超高人气，其蛇皮十分珍贵，能够入药，因此遭到人类大量捕猎。不过，它们的保护状况并不令人担忧，在世界自然保护联盟红色名录中，网纹蟒并未被列入濒危物种。

▌ 上图：大鲵（*Andrias davidianus*）是世界上最大的两栖动物。
▌ 右图：一条蜷缩着的网纹蟒（*Malayopython reticulatus*），虽然看起来不起眼，实际上网纹蟒是世界上最长的蛇类。

非凡的外表

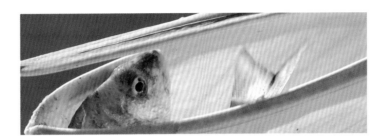

在看过那些体型庞大的动物之后，让我们继续这趟发现之旅，去探寻一些身体部位尺寸夸张的动物。有时这些身体特征清晰可见，有时则需要我们更为仔细地观察才能发现。

大食蚁兽

中美洲和南美洲是大食蚁兽（*Myrmecophaga tridactyla*）的家园，它们的鼻子十分引人注目。不过，当这种大型食虫哺乳动物开始进食时，人们的注意力马上就会从鼻子转移到它们那长达60厘米的舌头上面。大食蚁兽体长180~215厘米，生活在植被茂密的地区，平日会寻找白蚁丘和蚂蚁窝，从中捕捉白蚁和蚂蚁为食。一旦发现了目标，大食蚁兽会用粗壮的前腿上长着的锋利的爪子进行挖掘，反复伸出长长的、有黏性的舌头，尽可能多地捕食猎物。在吞下肚之前，大食蚁兽会把白蚁、蚂蚁压在上颚上杀死。

大食蚁兽习惯独居生活，只有

在交配期间或幼崽出生后的前10个月里才有可能看到几只大食蚁兽聚在一起活动，大食蚁兽幼崽在自立前会与母亲共同生活一段时间。今天，大食蚁兽的栖息地不断缩减，再加上人类为了获取它们的皮毛和肉而大肆猎杀，大食蚁兽已经被世界自然保护联盟列为易危物种。

马赛长颈鹿

让我们继续这场发现之旅，接着寻觅那些有着特殊外貌特征的动物。长颈鹿顾名思义是世界上脖子最长的动物。马赛长颈鹿（*Giraffa tippelskirchi*）是长颈鹿属（*Giraffa*）最具代表性的物种。这种身体上布满不规则图案的哺乳动物享有"最高的陆上动物"的头衔，成年雄性马赛长颈鹿可以高达550厘米以上，除此之外，马赛长颈鹿还是体型最大的反刍动物。树叶是它们主要的食物来源，这种长颈鹿的脖子有时超过2米长，能够轻松地够到热带稀树大草原上高高的枝条。

长颈鹿的椎骨数量并不多，与人类和许多其他动物一样只有7块。然而，每块椎骨的长度达28～30厘米。小长颈鹿出生时的脖子长度远远比不上成年时期，这意味着长颈鹿的脖子并非在胚胎阶段发育完成，而会在成长阶段不断变长。

马赛长颈鹿生活在肯尼亚和坦桑尼亚的中南部地区，然而，在偷猎者的过度猎杀、掠食者造成的幼崽高死亡率、栖息地破碎化的三重夹击下，如今，马赛长颈鹿面临着灭绝的危险。

▧ 第244～245页图：大食蚁兽（*Myrmecophaga tridactyla*）用长长的舌头捕食蚂蚁和白蚁。

▧ 左图：一只幼年大食蚁兽正向镜头展示着它的舌头，成年大食蚁兽的舌头可以达到60厘米之长！

▧ 上图：马赛长颈鹿（*Giraffa tippelskirchi*）是世界最高的陆上动物。摄于肯尼亚，马赛马拉国家野生动物保护区。

■ 上图：澳大利亚鹈鹕（*Pelecanus conspicillatus*）会利用巨大的喙灵巧地捕鱼。摄于澳大利亚，摄于新南威尔士州，哈特海德国家公园。

澳大利亚鹈鹕

不同鸟类的羽毛颜色、体型大小各不相同。除了多彩的羽毛外，鸟喙的形状与鸟类的进食习惯相匹配，是鸟类最瞩目的外貌特征之一。有人认为澳大利亚鹈鹕（*Pelecanus conspicillatus*）是世界上喙最大的鸟类。这种非同寻常的鸟属于鹈鹕科（Pelecanidae），经常出现在澳大利亚、新西兰、新几内亚、斐济和印度尼西亚的部分地区。

澳大利亚鹈鹕体型庞大，体长可以达到160～180厘米，重达13千克。它们的翼展也相当可观，宽度在230～250厘米之间。不过，澳大利亚鹈鹕长达46～50厘米的喙是最显眼的身体部位。澳大利亚鹈鹕会成群结队地捕食，在浅水区捕捉鱼和甲壳类动物，它们会利用喙下方那个下垂的、特别有弹性的喉囊将猎物一网打尽。

澳大利亚鹈鹕能够适应各类水生环境，因此在世界自然保护联盟红色名录中被归类为无危物种。

漂泊信天翁

在了解了世界上喙最长的鸟类之后，现在让我们再来认识一下翼展最宽的鸟类。漂泊信天翁（*Diomedea exulans*）在众多体型庞大的鸟类中脱颖而出。在某些情况下，这种鸟类翼展的宽度可以超

上图：这只漂泊信天翁（*Diomedea exulans*）展开翅膀，似乎在展示其破纪录的翼展宽度。摄于南乔治亚岛，阿巴克斯岛。

过350厘米！漂泊信天翁的飞行能力很强，一天中的大部分时间都在海洋上空飞行，每天能飞行500多千米。在一趟趟空中巡逻中，漂泊信天翁能够寻找到鱼类、软体动物和甲壳类动物等大量食物，它们也经常追随船只，吃被扔到海里的下脚料。在捕食时，漂泊信天翁会俯冲进海中，但不会下潜至很深。

漂泊信天翁每两年繁殖一次，施行一夫一妻制，夫妻双方轮流孵

一个高度约为10厘米的蛋。漂泊信天翁通常要到7岁才有繁殖能力，繁殖率并不高，这也是为什么世界自然保护联盟将其列入红色名录易危物种。除此之外，环境污染也会对漂泊信天翁造成伤害，它们可能会误食含有有毒物质的废物。延绳钓是一种捕捞大型鱼类的作业方法，捕鱼人会在干绳上系结许多支绳，在上面垂挂若干钓钩，然而这对漂泊信天翁等其他动物来说却是

致命的。

弓头鲸

弓头鲸（*Balaena mystice-tus*）是世界上体型最大的动物之一，它的体长有时可以超过17～18米，体型仅次于蓝鲸和极少数的鲸类。尽管弓头鲸比其蓝灰色皮肤的"表哥"小得多，但它的头超过6米长，占据了整个身体的三分之一以上，成为嘴巴最大的动物。弓头鲸口中长有世界上最长的鲸须，有时可以达到3～4米。弓头鲸极其巨大的颅骨使它能够突破厚达60厘米的冰层，浮出海面进行呼吸。除了这些非凡的特点外，弓头鲸还保持着另一项纪录：据估算，弓头鲸的寿命可以达到200岁，是地球上最长寿的哺乳动物。

该物种不仅是少数没有背鳍的鲸类之一，也是唯一一种从未离开过北极和亚北极水域的鲸类，它们只在觅食区和稍南的繁殖地之间进行小范围的移动。

弓头鲸有着如此多奇特的身体特征，似乎是不可战胜的，但实际

上并非如此，大多数弓头鲸种群处在濒危状态。1966年之前，弓头鲸是捕鲸活动中被捕杀最多的物种，尽管如今弓头鲸在全球的分布情况较为良好，但与过去相比，某些弓头鲸种群的总数明显减少了许多。

上图：弓头鲸（*Balaena mysticetus*）是世界上嘴巴最大的动物。摄于俄罗斯，鄂霍次克海。

天生的小个子

提到小个头的动物时，人们总会联想到蛛形纲动物和昆虫，但事实并不总是如此，巨人狼蛛就是个小巨人，自然界中也不乏一些像倭狨和黑脚猫这样的小个子。

倭狨

在南美洲亚马孙河流域的雨林中生活着世界上最小的猴子——倭狨（*Callithrix pygmaea*）。倭狨是一种灵长类动物，包括尾巴在内的体长大约为30厘米，体重为100～130克。

倭狨的食谱更是不同寻常，尽管它们也以水果、花蜜和昆虫为食，但它们格外偏爱某些树木分泌出的树脂。为了促进树脂的分泌，倭狨会用下门牙挖开树皮，形成一个非常明显的裂口，等待树脂积聚在裂口后，再将其舔食干净。

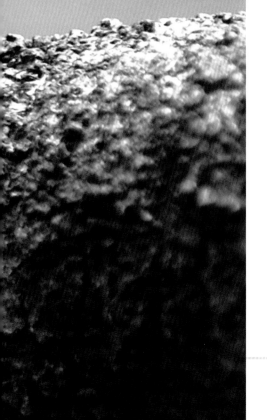

▧ 第252~253页图：侏狨（*Callithrix pygmaea*）是世界上最小的猴子。

▧ 上图：这只倭狨幼崽小到可以用一只手抓住。摄于巴西，亚马孙地区。

▧ 右图：一只犬羚属（*Madoqua*）的犬羚正在吃一棵小金合欢树的叶子。摄于肯尼亚，桑布鲁国家保护区。

这些猴子过着小范围的群居生活，一个侏狨群体的数量通常不超过9只，由1或2只雄性，几只幼崽和雌性侏狨组成，其中只有一只雌性侏狨负责繁殖，其他侏狨则帮助其照顾后代。侏狨生活在树上，能够用爪子在树间灵活移动。它们交流时发出的声响无法被人类的听觉所感知。

在世界自然保护联盟红色名录中侏狨被列为易危物种，这是因为侏狨的栖息地不断遭到破坏，并且侏狨被人类大量捕捉当作宠物饲养。

犬羚

羚羊是一种反刍动物，广泛分布于非洲、欧洲和亚洲。羚羊共有90多种，分属于大约30个属。这些哺乳动物的体型各不相同，犬羚属（*Madoqua*）无疑是其中体型最小的一个属。犬羚有着不一般的体型，通常情况下，成年雌性犬羚肩高不超过40厘米，体重在3~5千克之间，比雄性犬羚体型更大。也许人们会觉得在掠食者眼中，犬羚这样娇小的草食动物也许并不具备足够的吸引力，但事实并非如此。无论是狮子和花豹等大型猫科动物，

还是鹰和隼等狡猾的猛禽，各种食肉动物都视犬羚为猎物。

犬羚奉行一夫一妻制，每对犬羚夫妇控制着约5万平方米的领

地。这种动物生活在大草原上，以金合欢等长着叶子、嫩芽和果实的植物为食，这些植物还能给它们提供足够的水分以抵御干旱。由于当地居民的猎杀，犬羚的数量正在减少，所幸这些可爱的动物并没有灭绝的风险。

▨ 左图：黑足猫（*Felis nigripes*）是世界上最小的野生猫科动物，外表娇小玲珑，实际上却是一个出色的捕食者。

▨ 上图：这只黑足猫正在进行日常的清洁活动。

黑足猫

当提到野生猫科动物这个词时，人们会不自觉地联想到纪录片中出现的老虎、美洲豹和美洲狮等大型食肉动物。然而，在自然界中，还存在着一些与家猫体型相似的猫科动物，其中最小的叫作黑足猫（*Felis nigripes*）。这种优雅的猫科动物的毛发呈琥珀色，周身有黑色的斑点，主要生活在南非地区，不包括尾巴在内的体长为36～44厘米，平均体重几乎不超过2千克。然而，你可不能被它们迷你的体型和可爱的外表所欺骗，黑足猫实际上是一种肉食动物，拥有高超的捕食本领，会在夜间捕食啮齿动物、野兔和鸟类等各种小动物，大部分情况下都能取得成功。一般来说，黑足猫不会追击猎物，而是潜伏在巢穴外，等待毫无戒心的猎物自己走出来，再一击毙命。通常情况下，黑足猫在跟踪猎物时为了不暴露自己，会闭上眼睛，借助出色的听力来决定何时行动，这样做可以防止猎物注意到黑足猫的视网膜反射而逃跑。

在畜牧业的冲击下，黑足猫的栖息地遭到破坏，尽管受到了一定的保护，该物种仍被列入世界自然保护联盟濒危物种红色名录。

▶ 谁 是 最 小 的 猫 科 动 物

在亚洲，特别是印度、斯里兰卡和尼泊尔地区，你有可能会遇到另一种体型非常小的猫科动物——锈斑猫（*Prionailurus rubiginosus*）。它的体型与黑足猫差不多，不包括尾巴在内的体长在35~48厘米之间，平均体重为1000~1600克。锈斑豹猫的毛呈灰色，上面有铁锈色的斑点。锈斑猫喜欢生活在植被茂密的地区，但在一般情况下，不在常绿针叶林带活动。世界自然保护联盟（IUCN）认为，栖息地的破坏和破碎化已经威胁到了该物种的生存。

亚马孙巨人食鸟蛛

仅仅想到一只小蜘蛛的模样，就会让很多人不寒而栗。这种无脊椎动物的个头并不总是那么小，其中也有一些称得上庞然大物的物种。虽然与我们前面提到的巨型动物相比，体型再大的蜘蛛也根本算不上什么。不过，要是看到一只体长30厘米的蜘蛛，你可能还是会被吓到。亚马孙巨人食鸟蛛（*Theraphosa blondi*）是一种分布在南美洲北部雨林中的无脊椎动物，雌性可以长达30厘米，而雄性一般不超过20厘米。亚马孙巨人食鸟蛛的重量可以达到170克，它是世界上最重的蜘蛛，除此之外，亚马孙巨人食鸟蛛还是体型最大的蜘蛛！亚马孙巨人食鸟蛛的腿很长，是个真正的巨人，只有巨型异足蛛（*Heteropoda maxima*）可以在长度上胜过它。不过除非具有过敏体质，被亚马孙巨人食鸟蛛咬伤的危险性不大，大致与被黄蜂蜇了一下差不多。目前没有关于其保护状况的确切信息，但它的栖息地可能正在遭到破坏。

左图：亚马孙巨人食鸟蛛（*Theraphosa blondi*），重约170克，体长达30厘米，是世界上最大的蜘蛛。摄于苏里南共和国。

上图：一位大胆的探险家将他的手靠近一只亚马孙巨人食鸟蛛，在手的对比下，我们可以直观感受其体型之大。摄于圭亚那，雷瓦河。

▶ 恶心还是美味？

许多人认为蜘蛛令人作呕，但也有人不同意这个观点。在一些南美原住民看来，亚马孙巨人食鸟蛛是一道美食，他们会去除蜘蛛身上的毛，将其卷在香蕉叶中烤熟。他们觉得这种无脊椎动物的味道可与虾媲美，但可能很少有人能够证实这一点。

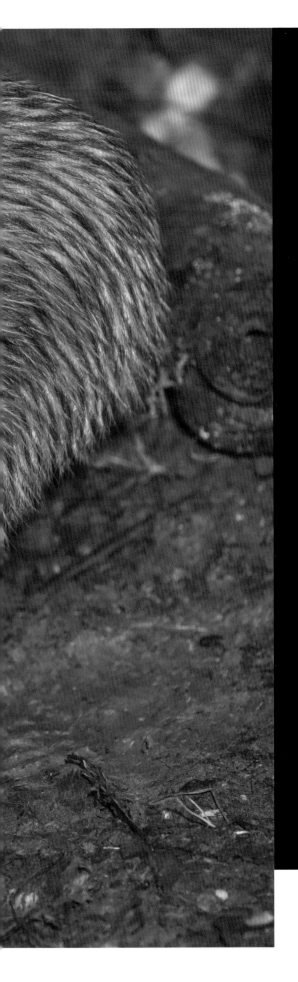

奇特的世界纪录

在前文中，我们已经见识到了许多非同寻常的动物，这再次证明了地球上的生物是多么的神奇。现在，让我们踏上最后一段发现之旅，一起去看看树懒、北岛鹬鸵等动物的古怪行为和能力。我们会发现动物的行为与其特殊的生理特征息息相关，有些行为之所以看起来古怪，仅仅是因为我们将其与人类的行为相比较罢了，动物对此毫不在意。我们还将认识到一些被赋予了致命武器的物种：鳄鱼具有强大的咬合力，栉足蛛有剧毒，而弹涂鱼和原鳍鱼则拥有意想不到的秘密武器，使它们能够在极端的环境条件下生存下来。

左图：一只北岛鹬鸵（*Apteryx mantelli*）在夜间捕食小型无脊椎动物。摄于新西兰，克赖斯特彻奇，奥拉纳野生动物公园。

珍稀的动物

有些动物孔武有力，有些动物优雅美丽，有些动物智慧无敌，种种都令我们为之着迷。不过，还有一些动物因其古怪的习性而赢得了人类的青睐。

大熊猫

大象每天进食时长18~20小时，是一天中花最多时间进食的动物，但要比谁吃得最多，大熊猫（*Ailuropoda melanoleuca*）可是大象的一个有力的竞争对手。这种黑白相间的动物属于熊科，虽然大熊猫是食肉动物，每天会花10~16小时来填饱自己的肚子，但其食物组成的99%都是竹子——一种原产于大熊猫生活的亚洲森林中的植物。大熊猫的消化道与肉食动物类似，肠道较短，受此影响，它们吃下的食物中只有一小部分能被吸收。

这就是为什么尽管大熊猫的体

笔 记

可造纸的粪便

众所周知，动物的粪便是一种很好的肥料，但谁能想到粪便还可以用来造纸呢？大象和大熊猫等草食动物的粪便中纤维素含量很高，为造纸提供了充足的原材料。它们粪便是一种可持续利用的资源，经过仔细的消毒，便可以用来生产纸张，而无须砍伐新的树木。

▌ 第262～263页图：大熊猫（*Ailuropoda melanoleuca*）的生存与竹林息息相关。
▌ 上图：大熊猫的外表特别惹人喜爱，这对于大熊猫保护事业来说很有利。摄于中国。
▌ 右图：一只雄性褐鹬鸵（*Apteryx australis*）正在照看它的配偶产下的巨大的蛋。摄于新西兰，奥托罗昂格几维鸟屋。

型比大象小得多，但却需要摄入如此多的食物。大熊猫每天要吃下大约18千克的竹子，这些食物在肠道内停留的时间较短，因此会产生大量的粪便。

为了适应这种饮食习惯，大熊猫的爪子除了五趾外还有一个"伪拇指"，这个"伪拇指"其实是一节腕骨特化形成，叫作"桡侧籽骨"，在它的帮助下，大熊猫能够很好地抓住竹竿。大熊猫的牙齿特别坚硬；胃部，特别是胃部尾端连接到十二指肠的幽门区较长，胃壁肌肉非常发达，能够更好地混合食物；除此之外，大熊猫体内负责吸收纤维的结肠表面积比其他熊类都要大。

由于其食物的特殊性，大片竹林的退化和消失使这种动物陷入危机。然而，幸运的是，大熊猫憨态可掬的外表和有趣的行为方式使其深受动物园、公园和自然保护区游客的喜爱，它们坐着或半躺着摆弄竹子的样子俘获了人们的芳心，各种保护和繁殖项目也正努力将大熊猫从濒临灭绝的边缘拯救出来。目前，大熊猫被世界自然保护联盟列

为易危物种。

褐鹬鸵

当提到褐鹬鸵的外文名字"kiwi"这个词时，几乎每个人都会立即想到外皮薄而多毛的棕色水果——猕猴桃，果肉多汁且为绿色。然而，这个名字还指代了一种新西兰特有的鸟类——褐鹬鸵

（*Apteryx australis*），这种鸟类圆滚滚的身体上长有一层又长又薄的棕色羽毛，它的外表隐约也能让人联想到猕猴桃的样子。褐鹬鸵是一种奇特的鸟类，喙长而尖，腿强壮，翅膀极其短小，与身体大小相比，它产下的蛋大得惊人。这种鸟类属于鹬鸵科（Apterigidae），身长45～55厘米，体重约为3千克，

奔跑速度相当快，但不能飞行，因此，它们更喜欢在较容易隐蔽的林区活动。

在繁殖季节，雌鸟会在地上挖一个洞，在洞中产蛋，这个蛋非常大，重达母亲体重的25%，蛋黄的重量占整个鸟蛋的61%，这种情况并不常见，一般鸟蛋中蛋黄的比例约为35%。褐鹬鸵的孵化

■ 上图：自出生起，褐鹬鸵就是新西兰最脆弱的动物之一。
■ 右图：两只白颈蜂鸟（Florisuga mellivora）正在面对面表演一场真正的飞行杂技。

一，据说某些种类的蜂鸟每秒可扇动翅膀80次。为此，蜂鸟每分钟的心跳次数能够达到1000次以上，蜂鸟正是通过这种方式为身体不断充氧并提供能量。事实上，在监测飞行中的蜂鸟时，人们发现蜂鸟每分钟的心跳最高能够达到1260次，这创下了纪录。

这些优雅的鸟类以其美丽的外表和独特的快节奏生活方式受到人类的喜爱。在许多视频中，可以看到人们在食槽中放上水和糖类物质，再将食槽特意放在花园或阳台上，希望能够吸引蜂鸟前来拜访。这些礼物无疑赢得了小鸟的芳心，它们能够很快地代谢掉摄入的糖分，因此需要频繁进食来持续为身体供能。

蜂鸟的保护状况因物种而异，取决于气候变化、森林砍伐和污染对不同种蜂鸟生活的栖息地的影响。

期大约为11周，由雄鸟负责。在雏鸟破壳大约1周后，它们就能离开巢穴。产下如此大的蛋可不是件轻松的事，在这一时期，雌鸟需要比正常情况下多进食3倍，在产蛋前的最后2到3天，由于胃部受到挤压，雌鸟几乎无法行走，只能被迫禁食。

褐鹬鸵被世界自然保护联盟列为易危物种，白鼬等外来掠食性动物是褐鹬鸵种群的主要威胁。

如果按照蛋的大小来排序，在目前尚未灭绝的动物中，鸵鸟蛋牢牢占据了冠军的宝座，鸵鸟蛋的直径约为18厘米，平均重量为1500克。

蜂鸟

在半空中保持悬停的同时，将喙和细长的舌头伸向花朵，这可是一种不寻常的技能，这一点蜂鸟科（Trochilidae）的动物再清楚不过了。蜂鸟共有330多种，它们的飞行速度之快和动作之敏捷无人能敌。蜂鸟能够盘旋、快速向前飞行、停止、突然改变方向、垂直翱翔或俯冲，这些动作需要高频率扇动翅膀，这便是蜂鸟惊人的能力之

左图：一只白喉三趾树懒（*Bradypus tridactylus*）在白天小憩时被抓拍。摄于巴西，亚马孙雨林。

上图：一只幼年霍氏二趾树懒（*Choloepus hoffmanni*）正在啃食叶子。摄于哥斯达黎加，阿维利亚斯树懒保护区。

树懒

如果我们必须选出地球上最懒惰的动物，大多数人都会属意于树懒。在这方面，三趾树懒（*Bradypus*）和它的"表亲"二趾树懒（*Choloepus*）的确当仁不让。事实上，它们每天能够睡上20个小时，即使在清醒的时候也秉持着慢慢悠悠的生活态度。树懒生活在南美洲的热带森林中，四肢末端的爪子较长，呈略微弯曲状，使它们能够牢牢地挂在树枝上悬在空中，即便在打盹也不会掉下来。雄性树懒一般会在它们出生的树上度过一生，平日只会在树枝之间移动寻找食物。雌性则有所不同，它们在性成熟后会把部分领地留给幼崽。

树懒之所以这么懒惰，是由于一些特殊的生理条件决定的。树懒的新陈代谢缓慢，迫使它们学会了保存体力。这些食草动物的牙齿相当原始，没有门齿，在吞下树叶之前，只能用嘴唇咀嚼。除此之外，树懒的体温相当低，这意味着它们可能需要一个月的时间来消化吃下的食物。树懒不喝水，而是汲取食物中的水分或树叶上的露水，通常来说，大约每7～10天排泄一次，这是唯一一件促使它们下到地面上的事情。

树懒的生活方式非常特殊，目前被世界自然保护联盟归类为无危物种。

不同寻常的零食

从能量摄入角度来看，树懒的饮食不够丰富，不过这些动物会舔舐自己的皮毛，从上面摄取一些藻类和昆虫作为补充。树懒的毛发杂乱蓬松，再加上高湿度的环境，使其成为了藻类生长的绝佳基质。

聚焦　全世界最臭的粪便

　　婆罗洲猩猩（*Pongo pygmaeus*）在某个特殊领域无人能敌——当它们吃榴莲时，能够排泄出全世界最臭的粪便！

　　婆罗洲猩猩是一种大型灵长类动物，它们大部分时间都生活在热带森林的树冠上，能够熟练地攀爬树木，在树枝之间灵活地寻找食物。婆罗洲猩猩的食物来源非常多样，大约60%由水果组成，这使它们成为重要的种子传播者。不过，它们对榴莲展现出的格外偏爱使其他动物对其退避三舍。很多人都厌恶这种水果散发出来的强烈气味，其实它的味道格外甜美，也有不少人甘愿花大价钱购买。榴莲果实的气味因品种或成熟程度不同而变化，但无论如何，在许多城市的公共场所和公共交通工具上都贴有标识——禁止携带榴莲者入内。

■ 左图：一只雄性婆罗洲猩猩被抓拍到啃食榴莲，这种动物对榴莲果实情有独钟。摄于婆罗洲，西必洛红毛猩猩康复中心。

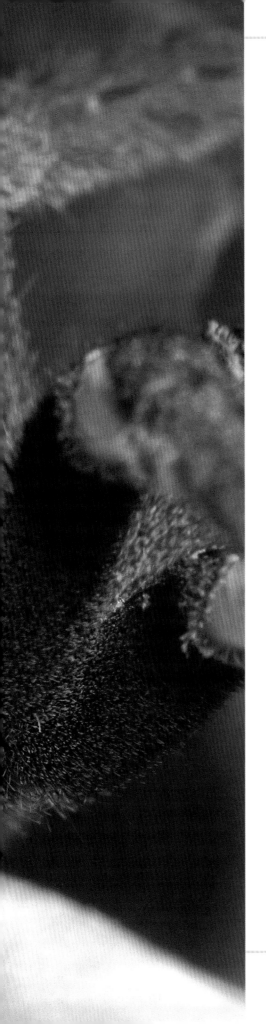

致命的武器

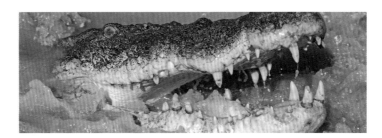

在生存之战中时，掠食者必须采取一些致命且易成功的策略，其中有些对于人类来说也同样可怕。

巴西栉足蛛

人们往往对蜘蛛敬而远之，尽管蛛形纲动物常常无辜丧命于鞋底或报纸下，但在某些情况下，人类的做法不无道理。巴西栉足蛛（*Phoneutria nigriventer*）也被称为"香蕉蜘蛛"，是地球上毒性最强的蜘蛛，它不止一次地在《吉尼斯世界纪录大全》中被提及。巴西栉足蛛包括腿部在内长约15厘米，在受到侵扰时，具有相当强的攻击性，它体内携带的毒液中含有神经毒性，能够导致受害者的血管肌肉收缩，造成致命的后果。

幸运的是，自从人工合成解毒剂后，被巴西栉足蛛咬伤的死亡率

已经降低到了2%～3%，但无论如何，中毒都不是一件愉快的事情，巴西栉足蛛的毒液能够使人心跳过速、引起呕吐和水肿。男性对这种蜘蛛的厌恶更甚，因为一旦被咬，他们将会承受另一个相当不寻常且绝对不愉快的后果——阴茎异常勃起，即不自主地、不正常地、经常疼痛地勃起，甚至可能导致阳痿，这是由于巴西栉足蛛毒液中的一种特殊毒素引起的。

这种蜘蛛生活在巴西的森林和湿地中，但也有人在中美洲和南美洲的一些地方发现过巴西栉足蛛的身影。不幸的是，农业种植使人类碰上这种蜘蛛的可能性大大增加，人们会在巴西栉足蛛生活的森林中种植香蕉，因此会产生一些不必要的接触。事实上，这种蛛形纲动物有躲藏在香蕉中的习惯，即使经过多次检查，也会有一些巴西栉足蛛会神不知鬼不觉地和货物一起被运到城市，带回人们的家中。

黑色行军蚁

狮子无疑是非洲大陆最著名的肉食动物之一，但它并不是最致命的动物。坐拥这一称号的是黑色行军蚁（*Dorylus nigricans*），这种生物的体型比狮子小得多得多，不仔细看根本无法发现。在斯瓦希里语中，黑色行军蚁被称作"Siafu"。

黑色行军蚁是社会性昆虫，一个蚁群由一只蚁后、几只雄蚁和一群雌蚁组成，这些雌蚁中有体长约为50毫米的工蚁，以及体型为三倍工蚁大的兵蚁。黑色行军蚁以强有力的下颚闻名，所到之处的其他动物都会沦为它们的盘中餐，这一能力甚至让一些大型动物都闻风丧胆。这种恐怖的吞噬力迫使它们经常需要迁移，寻找新的捕食地。在迁徙过程中，整个族群变得更加危险，因为它们会吞掉沿途能为它们提供养料的一切东西，进行一场名

副其实的屠杀。

　　这些蚂蚁的下颚大而有力，会咬人。在过去，尽管当地居民非常害怕，但他们还会用行军蚁属（*Dorylus*）的兵蚁来缝合伤口。与医生用手术线缝合伤口的原理相似，人们会将伤口边缘合拢在一起，然后再一次一个地将这种蚂蚁放上去，黑色行军蚁会下意识地咬住肉，之后再将它们的头与身体分开，此时伤口已经被黑色行军蚁的下颚夹住，完成了缝合。不过这种做法现在几乎已经消失了。

▧ 第272～273页图：一定要防止被巴西栉足蛛（*Phoneutria nigriventer*）咬伤。摄于巴西，圣保罗，碧野达德地区，大西洋东南海岸森林保护区。

▧ 左图：一只在绿植中移动的巴西栉足蛛。

▧ 上图：黑色行军蚁（*Dorylus nigricans*）的下颚令人十分印象深刻。

超级坚硬的牙齿

橄榄纹石鳖（*Chiton olivaceus*）生活在地中海和大西洋的部分地区，属于多板纲软体动物，多个非常坚固的硬壳板组成了它们的外壳。这种无脊椎动物一般为椭圆形，平均长度约为3厘米，橄榄纹石鳖的齿舌可以刮取海底岩石上的海藻。它们的齿舌中含有磁铁矿成分，磁铁矿含铁量为72.5%，是生物自身能够在体内合成的最坚硬的物质。

▦ 左图：鳄鱼极强的咬合力是它们的制胜武器。摄于澳大利亚。
▦ 上图：橄榄纹石鳖（*Chiton olivaceus*）是当今世界上牙齿最硬的动物。

鳄鱼

在谈到大型食肉动物时，最常见的问题之一就是："谁的咬合力最强？"。一般情况下，大多数人都会把票投给大白鲨，这也许也是受到了每年夏季都会放映的电影《大白鲨》的影响。在现实中，根据各种著名掠食者的体型和嘴部的肌肉组织，不同的科学家对它们的咬合力进行了模拟计算，列出了20大咬合力最强的动物的排名，鳄鱼占据首位。

湾鳄（*Crocodylus porosus*）是地球上最大的爬行动物，在一些排名中，它的咬合力被预估为每平方厘米541千克。在另一些排名中，湾鳄的咬合力仅有每平方厘米259千克，而尼罗鳄（*Crocodylus niloticus*）的咬合力被预估为每平方厘米351.5千克，名列第一。然而，在这两个统计中大白鲨的排名都靠后，咬合力约为每平方厘米44～47千克。

鳄鱼这种爬行动物拥有圆锥形的锋利牙齿，适合咬住并固定猎物，但不适合撕开皮肉。因此，鳄鱼会采取伏击的方式，咬碎猎物的骨头，牢牢固定住猎物的身体，之后将其拖到水中淹死，发动进攻时，伏击和咬合力这两点决定了它们能否捕食成功。几个世纪以来，包括湾鳄、短吻鳄和恒河鳄在内的所有鳄鱼目（Crocodylia）成员都会使用这种非常有效的捕食方法。

▓ 上图：金雕（*Aquila chrysaetos*）自古以来就是最令人钦慕的鸟类之一。
▓ 右图：爪子是金雕真正的致命武器。摄于芬兰，库萨莫。

金雕

鸟类以拥有出色的视力而闻名，正是由于这一特点，有几种猛禽自古以来就受到人类的喜爱。

金雕（*Aquila chrysaetos*）就是其中之一，它能够在极远的距离外发现猎物。金雕的爪子十分锋利，能够施加每平方厘米约60千克的压力，成功捕获并杀死多种猎物。利爪就是它们真正的致命武器！

正是在这一系列特殊生理特征的共同作用下，鹰类才拥有了超乎寻常的出色视力：相对于头骨大小来说，鹰的眼睛较大，视网膜上有着密集的感光细胞，眼睛的结构能使晶状体迅速聚焦，瞳孔快速适应光线的变化。除此之外，鹰眼中的正中央凹和侧中央凹区域使得左右视野会部分重叠在一起。对于金雕来说，这种重叠率大约是50%，上述这些特征与宽广的视野共同作用，进一步提高了它们的视觉能力，使其拥有了动物界中破纪录的好视力。 ▓

挑战极限

在资源有限的极端环境中生存并非易事。要想在恶劣条件下得以存续，动物们需要进化出适当的生理结构并采用一些特殊的生存策略。

银线弹涂鱼

银线弹涂鱼（*Periophthalmusargentilineatus*）属于背眼虾虎鱼亚科（Oxudercinae），生活在印度洋和太平洋某些特定的热带沿海地区。这些鱼的外表很滑稽，圆圆的眼睛在头顶上冒出。银线弹涂鱼主要生活在海岸边，海床受到退潮和涨潮巨大变化的影响，会长时间暴露在外。而银线弹涂鱼能够很好地适应这种环境，因此得以闻名。

它们在嘴里留"一口水"作为氧气储备。银线弹涂鱼除了用鳃呼吸外，还可以凭借皮肤和口腔黏膜的呼吸作用来摄取空气中的氧

第90-91页图：一条银线弹涂鱼（*Periophthalmus argentilineatus*）深吸一口水后在地上活动。摄于新喀里多尼亚。

上图：非洲肺鱼塞内加尔亚种（*Protopterus annectens annectens*）裹在一个特殊的茧中抵御干旱。

右图：体长、嘴阔和细长的鱼鳍是非洲肺鱼有别于其他鱼类的特征。摄于莫桑比克，戈龙戈萨国家公园。

气，这种鱼类的鳃上有个被称作鳃盖骨的特殊结构，能够将水保留在鳃室中。除此之外，银线弹涂鱼还有着健壮的胸鳍，在足够潮湿的环境中，它们可以离开水几个小时，从一个水洼小幅度地跳跃到另一个水洼，有些种类还会用到尾巴来完成这些动作。

银线弹涂鱼的领地意识很强，如果有邻居闯入它们的地盘，会被立即拦截。当双方开始对峙时，银

线弹涂鱼会竖起和放下背鳍发出警告信号，如果这还不够的话，二者便会相互撕咬，撞击对方。不过，这些冲突基本上不会给双方带来严重损伤。

非洲肺鱼

非洲肺鱼塞内加尔亚种（*Protopterus annectens annectens*）也是一种能在极端条件下生存的鱼类，这种鱼可以长到1米长，眼睛

很小，嘴巴极大，胸鳍和臀鳍很长，呈线状。该物种在非洲的沼泽地和淡水河道中十分常见，属于肺鱼亚纲，同时拥有鳃和不成熟的肺，这就是为什么它们必须浮出水面呼吸以补充氧气。

在旱季，许多河流会完全干涸，但非洲肺鱼不用离开自己生活的水域就能生存下来，这要归功于它采取的一种惊人的适应方式——夏眠，即一种类似于冬眠的形式。当水位开始下降时，这些鱼便会寻找一个合适的地点，用嘴吞下泥浆，通过鳃将泥排出。当它们到达足够的深度时，非洲肺鱼就会摆动身体，直至形成一个足以容纳自己的空间，之后这种鱼会调整姿势，使头朝向入口，将自己封闭在一种带有保护性黏液的泥茧里，此时，通过减少身体储备消耗的方式，非洲肺鱼能够大幅降低新陈代谢，静静地等待适宜生存条件的恢复。当旱季结束，水再次注入河道时，非洲肺鱼身上包裹的泥茧会被水泡软冲散，它们便会苏醒，结束夏眠，像普通鱼一样生活。令人难以置信的是，一条健康的非洲肺鱼可以在这种状态下保持1年多的时间！

虽然没有关于非洲肺鱼个体数量的确切数据，但世界自然保护联盟对这种动物的总体保护状况评估为良好。

▶ 鳍还是腿

非洲肺鱼胸鳍和臀鳍的位置与四足动物腿的位置相同。非洲肺鱼的鳍由强健的肌肉组织支撑，具有一定的触觉，当这种鱼在泥泞的河道移动时，胸鳍和臀鳍会向需要移动的方向摆动，好似在行走一样。

■ 上图：洞螈（*Proteus anguinus*）独特的外表与洞穴生活相得益彰。
■ 右图：两头野牦牛（*Bos mutus*）在离牛群不远的地方活动。摄于中国，青藏高原。

洞螈

谈到生活在极端栖息地的动物，绝对不能落下洞螈（*Proteus anguinus*）。这种两栖动物和蝾螈、大冠欧螈同属有尾目，即有尾巴的两栖动物，栖息在迪纳拉山脉的洞穴中，这个山脉处在斯洛文尼亚、克罗地亚、波斯尼亚、黑塞哥维那和意大利威尼斯朱利亚大区之间。洞螈奇怪的外表助长了关于龙的传说，人们认为它是神话中龙的幼体阶段。

洞螈没有视觉，生活在地下这

样一个永久黑暗的栖息地，这种感官是无用的，但它的前额长有感受器，拥有高度发达的嗅觉和听觉。尽管洞螈能够产生黑色素，但它的皮肤几乎没有任何颜色。身体呈圆柱状，一般为20～30厘米长，鳃长在身体外侧。不像大多数两栖动物会变态发育，洞螈的一生都是一个样子——四肢短小而纤细，尾部相对较短，且较为扁平。目前人们对洞螈还知之甚少，原因有二：一是它们的寿命似乎很长，10岁才达到性成熟，有人认为它们可以活到

100岁；二是它们生活的环境难以观察。这种动物以微小的甲壳类动物为食，但由于猎物数量稀少，新陈代谢较为缓慢，洞螈能够长期禁食，甚至数年不食！

1986年，在奇尔诺梅利附近的白卡尔尼奥拉的一个泉水中，斯洛文尼亚喀斯特研究所的科学家们发现了一个被归类为黑洞螈（*Proteus anguinus parkelj*）的洞螈亚种，它身上有黑色素沉淀，眼睛视力正常。

由于农业和工业活动加剧了

地下水污染，洞螈已经被列入了世界自然保护联盟红色名录，等级为易危。

牦牛

被称为"藏牛"的牦牛（*Bos mutus*）是高海拔地区生活的佼佼者。青藏高原寒冷和缺氧的环境不利于人类生存，但这种牛科动物长着双层毛皮，最外层为黑褐色的长毛；体内有着巨大的肺；大量红细胞和高浓度的血红蛋白作为支撑，使它们能够在极端条件下生存。

要想解决生存的难题，除了进化出这些与环境相匹配的生理特征之外，有时还需要掌握生存的策略，牦牛很清楚这一点。它们通常一群群分散开吃草，这些小团体要么仅由雄性构成，要么由雌性牦牛与小牛犊构成，在暴风雪期间，牦牛们会围成一圈，头朝向中心围在一起保暖，等待天气转好。

人工饲养的家牦牛（*Bos grunniens*）体型比野牦牛略小，更加容易驯服，但它仍然有着惊人的力气，是一种优秀的驮运动物。

除此之外，牦牛养殖还能够发展肉、奶、皮和绒等产业。就连它们的排泄物也是有用的：在没有树木植被的地方，牦牛的粪便在经过干燥并压成薄片后可以被用作燃料。

4 / 动物的
智能

智能——一个复杂的概念

要想下一个定义使其满足每个人对于"智能"这个词的理解是一件不可能的事。有些人认为会解数学题、能说好几门语言、能创作艺术或建筑作品是智能；另一些人则认为能写小说或能以恰当的方式谈论复杂的话题才是智能。谈到对动物的智能的理解更是因人而异，很难去制定一个客观的标准。

在众多关于"智能"的定义中，以下是两种较为普遍的解释："对外界环境刺激做出反应、记忆和联想的能力。"或者"能利用既往的经验和知识解决问题、适应新环境的能力。"

根据这个定义，一台足够强大的计算机如果被输入了大量数据并且能从自己的错误中学习，就会变得比任何人类都更加智能。这样的事的确已经发生：一位围棋世界冠军赢了与电子计算机的第一场对决之后却屡战屡败。赛后，他曾说："……但梦终究会醒的！"这句话看似只是他面对失败时一次普普通通的懊恼，但也触及了问题的关键：聪明的动物有抽象思维，会产生情绪，失利时会激动，能感知到自身和自己的同胞，还能和它们分享自己的生活经验和体会。越来越多研究表明，这些特质并不仅仅是人类特有的。

它只是不会说话

"你看它多聪明。它只是不会说话罢了！"许多家里养了猫狗等宠物的人经常会说这样的话，但其实这个观点中包含两个明显的错误。首先，当主人从柜子里拿出罐头时，有时候狗会不断在主人面前摇尾巴，猫则会对着主人喵喵叫，这并不足以说明它们的智力高于自己同类的平均水平，因为它们只是对重复出现的情况做出了正常的反应，金鱼等公认的低智能动物有时也会表现出此类反应。其次，狗也并不是不会说话，只不过它们说的是一种人类不懂的"语言"。

此外，人类在翻译动物语言过程中的困难是可以理解的，因为动物经过漫长的进化才形成了语言，而在这个进化过程中并没有人

第286～287页图：欧歌鸫（*Turdus philomelos*）爱吃蜗牛，画面中它正用石头不断击打蜗牛的壳。摄于英国锡利群岛圣玛丽港。

第288页图：加利福尼亚州蒙特雷，一只拉布拉多猎犬给它的主人取来报纸。

上图：一段不同寻常的友谊——一只失去双亲的石貂（*Martes foina*）被一只母家猫收养。

右图：一只雌性孟加拉虎（*Panthera tigris tigris*）身后跟着幼崽，正朝着水源行进。摄于印度伦坦波尔国家公园。

类的参与。动物语言是专门为动物进化出的交流方式，对人类当然没有用。其实我们可以问问自己，人类是否聪明到了能理解其他动物智能的程度。

聪明的汉斯

看了"聪明的汉斯"这个案例，我们就会理解人类评估动物的智能有多困难。

1910至1911年间，一匹叫汉斯的马在全世界出了名，因为它会数数、会进行数学运算，还能对以前从未遇到过的问题给出不同的理解

和解决方案：它会通过一次次用蹄子敲击地面来回答数学问题，敲到了正确的数字就会停下来。

这样的情况让德国心理学家奥斯卡·芬斯特产生了怀疑，在对汉斯的表现进行分析后，他发现只有在主人在场的情况下汉斯才能给出准确无误的答案。但这并不是骗局。它的主人很诚实，他自己都没注意到，当马在用蹄子敲答案时，会观察主人的头部，接近正确答案时主人会下意识动一下头，马得到了信息就会停下来。

不过，汉斯的这个案例也不

是完全没有意义。首先，它强调了很难通过测试得出客观的结果。另外，这个实验还证明了尽管汉斯没有任何算术能力，但它却十分敏锐，也正是因此它才能解读主人给出的信号。而在奥斯卡进行实验之前，根本没有人注意到马会有这样的表现。

识破了汉斯的"诡计"后，它的主人把对自己的气都撒在了汉斯身上，对它非常差，甚至惩罚它去拉灵车。幸运的是，之后一位新主人买下了汉斯，还让它进行了进一步测试，以便更深层了解它的真实能力。

智能和文化

智能和文化这两个概念经常容易混淆，不过它们确实关系密切。先不说人类智能和文化的关系，在动物之中，记忆和消化所学概念的能力越强的动物，文化学习就越重要。"像大象一样的好记性"并不是偶然形成的一句谚语，大象确实拥有好记性，是最聪明的动物之一。

对于任何一个物种来说，生命中第一次尝试都是至关重要的。康拉德·洛伦茨做了大量重要的研究和普及工作，使得"印记"这个概念为人熟知。印记指的是一种由新生动物第一次经验决定未来行为的条件反射。他所发现的"雏鸭印记"非常有名：刚出生的鸭和鹅如果一开始看到的是他而不是自己的

生母，它们就会认为他也是自己族群中的一员，会一直跟着他活动。在对照实验中，这样的现象似乎能够表明这种鸟类的智力比其他动物更为低下。

那么所谓的"狼孩"又是怎么一回事呢？这些幸存下来的孩子在野外环境中长大，没有与其他任何人类接触，即使长大后再回到人类社会，他们也不能再学习说话和正常的行为，只会一直用四肢爬行，就像在野外时那样。不过这些都是历史上报道过的案例，并没有可靠的文献资料，所以比起科学证据，这些故事的传奇色彩更浓厚。

但可以确定的是，对于人类或大猩猩等智力较高的动物来说，环境在个体成长的过程中起了重要作用。

因此，文化学习似乎是社会性动物的普遍特征，或者说至少是部分社会性动物的特征。即使是对那些成年后过着独居生活的动物来说，婴幼儿时期跟随母亲生活的那段时期也是非常重要的，可以说母亲就是它们生活的老师。在花豹或野猫等许多猫科动物身上这样的案例更加明显：猫科动物的幼崽会通过模仿母亲的行为学会所有生活和捕猎的技能，等到它们走向独立后，从母亲那里学来的一切都会派上用场。

在智力高度发达的动物当中，先天行为（即通过遗传获得的行为）与在文化中习得的行为之间的差距越来越大，文化习得的行

为会更有利。每一条鲑鱼的行为与其他成千上万的鲑鱼完全一致，它们会一起游到河的上游繁殖，然后死亡，这都是它们遗传基因中明确编码的行为。但花豹却不同，某个地区的花豹会表现出特殊的捕鱼能力，能抓住流水中游动的鱼；而在邻近的另一片地区生活的花豹则主要捕食羚羊。这两种花豹表现出不同的行为，而它们的行为都是从各自有不同猎物喜好的母亲那里习得的，并且在生活中，个体的天赋和经验也会使得它们的行为发生新的变化。

好与坏

从成年个体那里学习什么应该做、什么不该做，这样物种内部自动就形成了伦理。社会动物的伦理要更加复杂，因为"善"与"恶"的区分不仅直接影响个体，还间接对整个集体产生影响。

自然界中的动物经常会使用奖惩的形式来进行教学（人类社会也经常使用这种形式，尽管并不很明显），社会性动物的奖惩通常由家庭成员或同类中的同伴实施。从更为基础的层面看，奖惩的结果是给所有物种生活中带来积极或消极的经验，包括那些智力低下、只能记住因果关系的动物。

在灵长类动物等认知能力发达的动物之中，行为通常是有意识进行选择的结果，也会让它们意识到自己可能不会被同伴接受。因此，

动物行为的动机极其复杂、矛盾，而且很难解释清楚。

改变生存环境

如果要通过改变环境的能力来评判人的智能，那就得不得不承认，给全球环境带来灾难的人类是世界上最不聪明的动物。

在除人类以外的其他动物中，

也许只有河狸能以这样有明显目的性的方式改造自己的栖息地：水位下降时，它们会啃倒树木，修建堤坝，改变河流的流向，以此来创造理想的环境，满足自己的生存需求。

河狸被称为"自然界的工程师"。如果我们看看它们的劳动成果，一定会惊讶于它们非凡的智慧。能体现出它们聪明才智的并不是修建的堤坝，而是族群中的成年个体向幼年个体传授"诀窍"的能力，也就是它们惊人的学习能力。它们改变河流环境是为了满足编码在DNA中的先天需求，就像乌鸦会用稻草娴熟地编出一个窝来一样，河狸也会用类似的方法造出自己的巢穴，只不过它的巢穴更大。尽管河狸很擅长用树枝、树干筑巢，但它

上图：一只美洲河狸（*Castor canadensis*）在修建堤坝。摄于美国，加利福尼亚州，马丁内斯市。

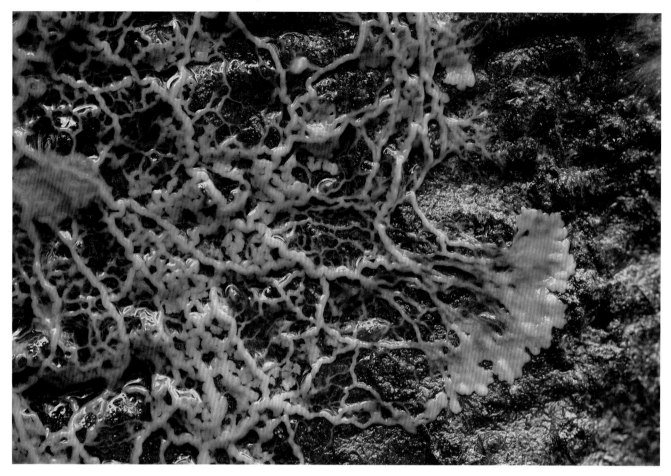

■ 上图：粘菌门（*Myxomycota*）是一种奇怪的生物，它们会在植被、树叶和凋零的灌木丛中移动，尽管移动速度很慢。
■ 右图：含羞草（*Mimosa pudica*）的叶片一旦感受到触碰就会立刻关闭，如图所示。

们不会把巢穴建在没有水的地方。

所以改造环境只是智能的一个"副作用"吗？如果是，这样的规律对人类也适用吗？如果其他动物能和我们交流，分享它们自己的想法的话，它们一定会用药理学的比喻告诉我们，这只是一种"不必要的副作用"！

个人和集体的智能

在欣赏白蚁窝精妙又复杂的结构时，我们不禁会感叹建造这些房子的小小"建筑师"一定很聪明；但如果是单个的工蚁或兵蚁，除了做它们被"设定"好的事情之外很难完成其他的工作：工蚁会啃食木头和泥浆，兵蚁则会与族群的敌人作战。这就是群居昆虫的"集体智慧"，这种智慧是昆虫聚集在一起形成的智能，而不是组成种群的个体独有的智能。这样的想法其实还是一种刻板印象，因为蚂蚁总是会做同样的事情。就好像个体是身体中的细胞，细胞中又编码了不同任务的指令。因此，如果我们还想这样去理解这些行为的话，就不能说这是名副其实的智能。

蜜蜂也是群居性昆虫，但有些人对此却并不认同，因为在分析蜜蜂复杂的通信系统时，可以看到每个个体的认知能力：在工蜂短暂的一生中，它们会"学习"执行不同的任务。最令人惊讶的就是它们复杂的语言：蜜蜂经常用舞蹈和身体动作来交流信息，比如它们会交流哪里的花蜜最多，甚至到那个地方

要飞多远。不过，要记住，世界上所有的蜜蜂都是靠这种方式沟通，这是在它们遗传基因中明确编码的行为，但不同的种群之间并不会有交流。

动物以外的智能

所有智能都是建立在神经系统之上，特别是大脑，无论简单或复杂，都是对周边环境反馈信息的处理中心。

然而，有一类鲜为人知的特殊生物却是例外，它就是粘菌。这种奇怪的生物没有固定形状，总是附在基质上大片出现，通常并不引人注目，就算有时人们注意到了它们鲜艳的颜色，也顶多会认为是霉菌或者地衣。粘菌既不是动物也不是植物，更不是真菌，关于它们所属的类别，科学界一直存在争议，最终它们和变形虫一起被划进了原生生物的王国。粘菌也叫作"粘液质霉菌"，但它们和属于真菌王国的真正的霉菌并不一样，粘菌会在树叶和腐烂的灌木丛上移动，将营养物质直接吸收到体内，就像著名科幻电影中的果冻怪物一样。虽然它们只能以每天10～20厘米的速度移动，也足以让研究人员对它们的移动进行相关实验。如果把它们放在一个复杂的迷宫中，迷宫两端放置食物，粘菌一开始会尝试所有可能的路线，力求到达终点，但是很快它就会专注于唯一的一条路线，而且是到达某一端食物的最短路线。

这实在是太奇妙了！不要忘

了，粘菌是单细胞生物，没有神经元，只有一整团原生质，DNA储存在原生质中的多个细胞核中。哺乳动物在这个实验中也不一定表现得比它好！二者的区别在于，哺乳动物会使用理性，这样的心理过程能帮它们在实验中选出最短路径，也能让它们在情况发生变化时做出恰当的决定。

但我们不能把"方式"和"结果"混为一谈。例如，植物可以感知外部化学或物理刺激并做出反

左图：一只成年黑猩猩西非亚种（*Pan troglodytes verus*）为砸开坚硬的棕榈果，用石头制作了工具。摄于几内亚共和国博苏森林。

时代更为适用，现在人类终于意识到了自己对地球造成了不可挽回的伤害，但为时已晚。等到人类灭绝的那天，蟑螂等机会主义动物和有极强的环境适应能力的动物完全有可能幸存下来，称霸地球。

此外，目前较为明显的是其他类人猿的状况：尽管黑猩猩、大猩猩和猩猩等类人猿比许多其他居住在非洲和亚洲森林里的动物智能更高，但也是最易受到环境变化和栖息地减少影响的动物之一。

智能将走向何处

要预测各类智能的未来发展几乎是不可能的事，因为需要花费很长的时间进行大量的客观分析。同样，虽然预测人类的智能对人类自身和对其他物种生活的影响花费的时间较短，甚至可以说非常短，但也是一项很难的任务。

如今通信技术迅速发展，每个人口袋里都装着一部轻便的手机，这在一个世纪之前根本无法想象。科幻作家在作品中幻想过各种各样的场景，比如机器人有自我意识，或超级人类巨大的脑袋里装着超级大脑，但却从未想到过互联网革命。

如果有人说人类文明会倒退到原始时期，我们也可以和其他类人猿交流，尽管听起来很令人着迷，但却是完全不可能发生的事。

应，比如产生某种物质用来防御，或者像含羞草一样在被触碰时关闭自己的叶片，但我们并不能因此就断定植物的智能很高。

智能与进化

根据达尔文的理论，比起力量和智能，适应环境变化的能力更有利于物种的生存。这一概念在当今

希望每个人的智能，特别是那些为环保付出努力的人的智能，能够战胜全体人类的愚蠢，毕竟人类这个物种……过于智能了。

左图：聪明的冠小嘴乌鸦（*Corvus cornix*）正尝试打开一个十分吸引它的瓶子。摄于芬兰利明卡。

智能竞赛

　　说起动物智能要从猴子的智能谈起，因为一些猿猴比其他任何动物都要聪明，而且要评价其他的动物聪明与否就不得不拿人类的智能作为标准，而人类自己也是由猿猴进化而来的。

　　客观分析表明，所有关于人类智能与动物智能本质不同的说法都是不成立的；此外，我们发现，除人类以外的其他动物也会有抽象思维和情感。因此，人类与动物的智能只存在量的差异，就像人和动物毛发数量不同一样：人类的皮肤上长着毛发，黑猩猩也一样，但是黑猩猩的毛发比人类的更为浓密；更准确地说，人类和黑猩猩都有体毛，但是人类的体毛更短更稀疏。那么，这种被广泛讨论的存在于物种各自DNA中的细微差异究竟有怎样的价值呢？

　　要想测试智能是很难的一件事，首先要做的是了解其他动物的视角，从某种意义上说，就是要设身处地去考虑它们的想法。这一步绝非易事，有时候我们面对其他人类都做不到设身处地，但是只有做到这一点，我们才能放下自己天生的人类中心主义。

　　左图：食蟹猕猴（*Macaca fascicularis*）是亚洲最常见的一种猴子。图中这两只猕猴厚颜无耻地闯进游客住的房子偷取食物。摄于马来西亚婆罗洲岛沙捞越巴科国家公园。

猿猴

"如果我们只从形态来判断的话，那么猴这一种属可能会被视作人这一种属的变种。"（布冯《自然史》）

十八世纪伟大的自然学家布冯提出的这一概念，似乎预示了这些灵长类动物能够将自己的非凡智慧展示给为此奉献一生的研究人员。今天，我们还能将他的这句话补充得更加完整："如果我们能从形态和行为来判断的话……"

有一群猴子尤其吸引科学家们的兴趣，它们保留了人类的一些特征，我们把它们称为"类人猿"，就是说它们有"人的形态"。除了人类以外，人科（Hominidae）动物还包括少数类人猿。非洲生活着黑猩猩（*Pan troglodytes*）、倭黑猩猩（*Pan paniscus*）、西部大猩猩（*Gorilla gorilla*）和东部大猩猩（*Gorilla beringei*）。亚洲则是红毛猩猩的家园，目前红毛猩猩有三种，分别是婆罗洲猩猩（*Pongo pygmaeus*）、苏门答腊猩猩（*Pongo abelii*）和达班努里猩猩（*Pongo tapanuliensis*）。此外，

第302～303页图：一只年轻的西部大猩猩低地亚种（*Gorilla gorilla gorilla*）正舒适地躺在低矮的树枝上。摄于刚果共和国，奥扎拉国家公园。

上图：一只年轻雌性达班努里猩猩（*Pongo tapanuliensis*）正在检查一株食肉植物的消化腔。摄于印度尼西亚，苏门答腊红猩猩保护项目巴塘托鲁森林。

类人猿还包括长臂猿，主要栖息于亚洲热带雨林，它们形成了长臂猿科（Hylobatidae），目前该科有15种左右的物种。

所有类人猿都没有尾巴，体型不一。其中大猩猩是目前世界上最大的猿猴，雄性身高可达180厘米，体重超过150千克；最小的

长臂猿体长50～60厘米，体重只有几千克。

灵长类动物除了类人猿以外，在欧亚非三洲大陆上还栖居着大约140种其他猴类，全都属于猴科，它们的尾巴没有抓握能力；美洲大陆上有其他4科猴类，大约120种，它们的尾巴有抓握能力。

上图：一只黑猩猩（*Pan troglodytes*）正在接受面部识别测试。摄于日本东京大学。

各类猿猴的行为差距较大，甚至在同类中也会存在行为差异。除了少数例外，猿猴通常智力较高，它们的认知能力经常令人感到惊讶。

自我意识

当人类第一次和黑猩猩目光交汇时，并不会觉得有必要进行测试来了解自己面对的是有自我意识的聪明生物。然而，伦理学家并不满足于主观的感受，结果就是，黑猩猩等猿猴成为动物行为研究的优秀合作伙伴。

有两种方法可以收集与动物行为和智能有关的数据：一是在它们生活的自然环境中观察；二是在或多或少有人造成分的限定环境中进行测试。

毫无疑问，尽管实验室的环境更为舒适，但现在人们更倾向于在自然环境中进行研究，尽可能减少干扰因素，或者在无须转移到实验室的情况下进行测试。无论是哪一种情况进行测试，即使研究是在尽可能创造的自然环境中进行的，也仍旧是人造的环境。不过，正是这样才能突出实验中测试智能的价值，因为这样可以测出动物面对完全陌生的环境的能力，而这种情况在自然界中永远不可能发生。

在镜子面前

用一面镜子就能进行自我意识最简单的测试。镜子在自然界中是不存在的，只有水面才能倒映出物体的镜像，但水面并不能映出清晰的模样。在镜子面前，不同的动物做出的反应也不同，只有少数几种动物能认出镜中自己的镜像，其他动物在看到自己的镜像时则会表现得无动于衷，或者会误以为镜子中是同类中的另一个个体。

当一只黑猩猩站在镜子前时，它会张大嘴仔细审视自己的嘴巴内部，之前它从来没见过镜子里的自己，但在镜子前它无疑可以认出自己的镜像。红毛猩猩在接受镜像测试时也有同样的表现。但黑猩猩和红毛猩猩在自然中的生活习惯差距较大，黑猩猩是社会性动物，而红毛猩猩则更偏向于独居，所以它们在接受镜像实验时这种相似的反应具有重大意义。

借助镜子，这些灵长类可以看到往常自己看不到的身体部位，它们对此也兴趣盎然：它们会利用照镜子的机会仔细观察自己的后背和身体后部，并摆出奇怪的扭曲姿势。

红毛猩猩的行为尤其特殊：它们不仅能认出镜子中的自己，甚至还试着用树叶做成头饰戴在头上打扮自己，而且还洋洋得意地欣赏佩戴后的效果。

奇怪的是，面对镜子，大猩猩的反应和其他灵长类不太一样，它们一旦开始失去兴趣，就会忽略镜子的存在。这样不同的态度似乎可以说明它们的自我意识较为不发达，但在其他一些情况下，大猩猩也能表现出能够清晰地认出自己和其他个体，包括与它们接触的人类：著名的雌性大猩猩可可学会了非常多的单词，还能熟练地用手势与教育它的人对话，甚至能用一千多个手势说出完整的句子，虽然由于发声结构的问题，它并不能说话，但却完全能听懂别人在说什么。

美洲一些卷尾猴科（Cebidae）也表现出相当高的智慧，如果把它们与黑猩猩或红毛猩猩做比较的话，可以说黑猩猩和红毛猩猩思虑更谨慎，而卷尾猴则十分活跃，而且更加狡猾。比如，在镜像实验中，它们不会花费太多时间照镜子，但在许多情况下都会表现出独一无二的聪明才智，比如它们自己就能学会能利用小镜子看到并抓到它们身后视觉范围之外的物体。

其他的灵长类就认不出自己的镜像了，根据它们对自己同类或多或少的宽容态度，它们会把自己的镜像当作潜在的朋友或敌人。黑冠猕猴（*Macaca nigra*）通常会成群结队地生活在一起，尽管它们的外表并不起眼，但却对不属于自己群体的个体也能表现出很强的交际能力，甚至对人类也很友好。它们认不出自己的镜像，但是却对镜子里的自己非常好奇，反反复复地在镜子后面寻找之前看到的个体。

冲突与联盟

几乎所有灵长类都是社会性动

物，各个群体之间的组织遵循相似的模式，但能调节这些模式顺利运行的机制却像动物的智能程度一样复杂。在类人猿中，个体的等级制度划分标准除了体力之外，还包括管理能力，有了管理能力才能建

上图：一只倭黑猩猩（*Pan paniscus*）认不出镜子里的自己，在镜像面前表现得十分尴尬。摄于刚果民主共和国ABC动物保护区。

▨ 左图：一只六岁的雌性小黑猩猩和一只三岁的雄性小黑猩猩一起玩耍。游戏非常有利于黑猩猩这种聪明的灵长类动物的社交和学习。摄于几内亚共和国，宁巴山自然保护区，博苏森林。

▨ 上图：一只三岁的小黑猩猩试图挑战三十岁的首领，它清楚地知道这样做不会有任何危险，因为首领对幼年个体非常宽容。摄于几内亚共和国，宁巴山自然保护区，博苏森林。

立联盟，解决冲突，维持群体内部的和平。

黑猩猩的社会行为非常发达，它们懂得群体关系中微妙的"交际策略"，甚至可以说是一系列"政治政策"。比如，两只幼年黑猩猩在一起玩耍，它们各自的母亲在一旁监督陪同，但它们之间的游戏随后可能会演化成一场激烈的争斗。一旁的两位母亲会变得很焦虑，想要把两个孩子分开，但又不知道该如何做，因为她们的干预很可能导致对方的孩子更加愤怒。这

时，其中一位母亲就会去找部落的雄性首领，明确请求它来阻止这场争斗，首领往现场一站，它的到来就足以让孩子们恢复冷静。

要想成为部落的首领，获得雌性的支持至关重要。争夺首领的雄性还需要对幼崽表现出特殊的关爱，甚至有些候选人还会温柔地把幼崽抱在自己怀里，以此来赢得雌性的好感获得支持。这是明智的策略，因为雌性的支持对于首领提升等级、维持权力都有很大的影响。

部落首领有许多"盟友"，这

些盟友都是它的属下，在其他成员挑战首领权威时会站出来支持它。当首领发现一个盟友与自己的竞争者试图建立友谊时会感到嫉妒，并极力进行阻止。在实践中，部落首领制定了"分而治之"的策略，这一策略在人类过去的历史中也非常常见。

▶ 石 器 时 代

传统进化论观点认为，只有人类和其他类人猿才会使用石器，但研究表明卷尾猴等美洲猿猴也会使用石器，这个发现对传统进化论造成了沉重一击。

研究人员在巴西发现了600-700年前有卷尾猴活动痕迹的石器考古遗址，在此处发现了大量石器和一些破碎的坚果壳。在象牙海岸甚至还发现了至少4000年前黑猩猩使用过的石器！

■ 右图：一只白脸卷尾猴（*Cebus capucinus*）从一块刚扯下来的树枝上找出蛀虫幼虫。摄于哥斯达黎加，库鲁野生动物保护区。

▍生存的需求促进智力发展

一只雌性倭黑猩猩背上背着它的孩子，肩上还扛着一块平整的大石头，这样的场景让正在对一群倭黑猩猩进行研究的学者感到十分困惑：它背着这么重的东西前行，一定是有什么特殊的原因。走了500米后，倭黑猩猩来到了放着一块平整岩石的空地，这时候学者才明白它这样做的原因。只见倭黑猩猩捡了一些坚果，把它们放在岩石上，然后用刚才自己背过来的大石头砸开坚果壳，和孩子一起分享果实。森林里的石头并不多，所以这只聪明的倭黑猩猩从外面把能用来开果壳的工具背了过来。

众所周知，灵长类是会使用工具的动物，其中类人猿尤为擅长。但在上述案例中的这只倭黑猩猩明显是有预谋的。它知道在能找到坚果的地方根本没有可以敲开果壳的石头，也知道自己找到的这块石头是很好的工具，所以就把它背了过

来。也就是说，这只倭黑猩猩知道自己这样做是有目的的，尽管当时这个目的表现得并不明显，但却随着时间和空间的变化，它的目的也随之显现。

黑猩猩对现有的工具未来可能的使用用途的理解十分令人惊讶，随后的发现更是令人瞠目结舌：黑猩猩不仅能自己制造武器，而且还会随身携带，但此前，人们认为只有人类才具有这种制造和使用武器的能力。黑猩猩造出来的武器是一些大小不一的木棍，甚至可以说是锋利的长矛，可以用来行刺白天躲在树洞里睡觉、夜间才出来活动的夜猴。

白脸卷尾猴（*Cebus capuci-nus*）的行为就更不一样了，它们当中的一些种群以水果为食，但却从来不吃果核，而是把它们随意扔在地上。几天后，它们又会回到这里，这时果核已经变干了，于是它们就会用石头敲开果核，贪婪地享

用果核里面生出来的幼虫，没有一只虫子能逃过被白脸卷尾猴饱餐一顿的命运。

大猩猩使用工具的例子并不常见，但是至少在一个可靠的案例中，大猩猩表现出了极高的智慧。

一只雌性大猩猩想穿过一群大象挖出来的池塘，但刚走到水能淹没腹部的位置，它就返了回来（这些森林中的庞然大物实际上并不喜欢游泳）。就在这时，令人惊讶的事情发生了：大猩猩拾起一根长长的树枝，重新走进池塘中，它用树枝来做"探测器"，一边向前走，一边用"探测器"在水中探路，以测试水的深度，就这样慢慢地在水中前进。等到它发现手中的树枝再也触不到深不可测的水底时，这才放弃前行。

聚焦 要爱，不要战争

倭黑猩猩和黑猩猩十分相似，它们也被称作"侏儒黑猩猩"，但它们的体型其实并不小，只是在结构和比例上与黑猩猩相比没有那么庞大。

倭黑猩猩的社会组织与普通的黑猩猩不同，因雌性和雄性群体之间几乎有平等的权力分配，甚至可以说，人类的远亲倭黑猩猩实现两性平等的时间比人类提前了许久。

高阶层的雌性和雄性相互支持，共同反对渴望获得更高社会地位的个体的主张。不过，最令学者们感到惊讶的是，当倭黑猩猩这种羞怯的森林居民第一次相互接触时，它们之间的冲突不是通过斗争解决，而是通过性。"要爱，不要战争"，20世纪60年代反战行动期间发起的这句口号，对于倭黑猩猩来说早就不是新鲜事了，很久之前它们就开始这么做了。

无论雌性还是雄性，群体之间的一切对抗都可以通过性行为来解决，这样的结果就是倭黑猩猩的群体生活比所有其他黑猩猩的群体要更加和谐。这一点与人类非常相像，因为它们是除了人类以外唯一一种会因非生殖目的而进行性行为的动物。

左图：一对倭黑猩猩正在交配。摄于刚果民主共和国，今夏沙倭黑猩猩保护区。

狡猾的捕食者

没有智慧的捕食者几乎不可能生存下去，因为猎物的速度更快，脱身的策略更高明，如果不善用捕猎策略，从一开始就注定会在与猎物的斗智斗勇中失败。

哪怕是陆地上跑得最快的猎豹，也不能仅靠速度就追上瞪羚。虽然瞪羚的速度要略逊于猎豹，但它们耐力更好，可以在长时间内持续快速奔跑，因此，如果猎豹没能在400～500米的距离内追上瞪羚的话，那就几乎没有希望抓到猎物了，只得被迫放弃。

因此，要想捕猎成功，猎豹必须在猎物300米范围内发起攻击，否则以它比瞪羚更快的20～25km/m的速度，不可能在气喘吁吁不得不停下来休息之前成功得手。大多数情况下，失败的捕猎行动会大量消耗猎豹的体力，甚至会对它们的身体造成不可逆转的伤害，许多年老的猎豹就是在追捕猎物的过程中永远失去了生命。

狩猎主要分为接近猎物和实施追捕两个阶段。在接近猎物时，猎豹的智慧大有用处：粗心的猎豹很可能会被警觉的瞪羚发现，导致猎物提前逃走，捕猎失败；而一些有丰富捕猎经验的猎豹，在两到三次的捕猎行动中，必定有一次能获得成功。

只有善用智谋的捕食者才能成功捕获猎物。所有的高智慧动物都是从幼年时期就跟随成年个体学习捕猎技巧，因此幼年是它们一生中最关键的时期。

大多数猫科动物都过着独居生活，不同的物种幼崽跟随母亲生活的时间也不一样，但通常来说，为了完全教会幼崽如何捕猎，母亲需要对它们进行很长时间的教育。比如，猎豹的幼崽在母亲身边生活的时间长达一年半，甚至有的会更久。尽管猎豹是独居的动物，但它们在捕猎时还是会三四个结成一群进行合作，这样捕猎的成功率会更高，甚至捕获猎物的数量也会比单独作战更多，这种合作捕猎的方式让团体中的每只猎豹都能受益。

■ 第314～315页图：两只猎豹（*Acinonyx jubatus*）（可能是猎豹妈妈带着成年的孩子）即将追上一只快速奔跑的南非跳羚（*Antidorcas marsupialis*）。摄于南非，卡拉哈迪跨界公园。
■ 右图：猎豹妈妈身后跟着一大群小猎豹，小猎豹虽然已经长大，但还是能看出幼年时才有的银色鬃毛。摄于肯尼亚，马赛马拉国家野生动物保护区。

左图：一头三岁非洲母狮的脸部特写。非洲狮（*Panthera leo*）是非洲草原上的霸主，智慧与力量兼具。摄于赞比亚，布桑加平原，卡富埃国家公园。

上图：一群母狮正在分食一匹平原斑马（*Equus burchelli*）。尽管场面看起来非常血腥，但狮子却是对猎物最仁慈、最温和的捕食者之一。摄于坦桑尼亚，塞伦盖蒂国家公园。

聪明的母狮

要想高效捕获猎物，仅仅靠凶猛的外形、健壮的肌肉和锋利的爪牙远远不够。捕食者必须利用多种因素，比如它们需要观察猎物的身体素质，从中选择最弱的一个作为目标；还要考虑到地形构造，防止让自己在发动袭击时处于劣势地位；风向也是要考虑的一个因素，它们需要在逆风的方向发动攻击，避免被猎物提前嗅到自己的气息。只有拥有高度发达的智力，才能很

好地对以上因素进行分析评估。但猎豹的智慧和黑猩猩的智慧不同，它们的智慧只为狩猎而服务。

群居的捕食者还有更多事情要考虑，因为它们需要和同伴分工协作，所以要认清楚自己在群体中的位置和角色。它们就像是电影中的演员，主角演的是杀手，配角负责的是包围和追击。无论是主角还是配角，在追捕行动中都发挥着重要作用，少了任何一环都不能在捕猎中获得成功。

与喜欢独居的其他猫科动物不同，狮子是群居性捕食者中的佼佼者，它们会在生活的群体之中会划分出森严的等级。

狮群的等级划分完全取决于母狮的智慧水平，即母狮的捕猎技巧。雄狮只需承担起保护狮群的职责，抵抗外来的雄性侵略者。雄狮与外敌之间的战争仅仅是力量的比拼，毫无智慧可言。虽然捕食的任务由母狮承担，但雄狮却总是赶走家庭中的其他成员，第一个品尝母

上图：在接近猎物的过程中，母狮表现得极其谨慎和耐心。摄于肯尼亚，马拉马赛国家野生动物保护区。

狮的劳动成果，愚昧与蛮横在它们身上展现得淋漓尽致。

因此，人们认为狮群的智慧集中体现在母狮身上：母狮为整个狮群寻找食物，维持群体凝聚力，抚养幼崽并教它们狩猎。

母狮们似乎会一起抚养幼崽：一些母狮外出狩猎时，其他母狮会留在狮群中保护幼崽。不过，关于母狮是否会一起抚养幼崽，生物学家还未给出定论，也许不同的狮群之间的母狮抚养行为会有差异。即使一些狮群离得非常近，猎物来源和组成完全相同，捕猎时它们也会表现出各自的偏好：一些狮群更喜欢体型较大的羚羊或水牛，其他狮群则更倾向于斑马等猎物。这表明种群的文化通常是在群体内部传播，由成年母狮将狩猎技巧传授给年幼的个体。

母狮通常在夜间外出觅食，不过它们在白天也很活跃，会运用极高的智慧精心策划捕猎策略。狩猎初期，母狮会和草食动物并肩

而行，假装自己毫不在意它们的存在；之后会默契地分散开来，围成半圆，将猎物三面环绕。这时母狮才真正开始接近猎物：它们会匍匐在草地中，耐心等候，逐渐缩短与猎物的距离；食草动物感受到危险逼近，也会变得紧张起来。当距离缩短到让包围圈一端的母狮暴露在猎物面前时，一两头母狮就会率先发起进攻，把受到惊吓四处逃窜的猎物赶进包围圈中。在猎物短暂的逃窜过程中，较为瘦弱的个体会得到母狮群的关注，成为重点目标。随着目标越来越靠近，在草丛中伏击的其他母狮会找准时机发动攻击，行动快似闪电，几秒钟内猎物就到手了。母狮捕猎团配合完美，行动协调，真可谓是"冠军团队"。

智慧的花豹

花豹是典型的猫科动物，生性敏感害羞，总是独来独往，而且十分擅长伏击。就算智力不高，花豹

■ 上图：一只雌性花豹（*Panthera pardus*）叼着一个月大的幼崽前行，虽然看起来不那么温柔，但猫科动物通常都是这样转移自己的孩子的。摄于肯尼亚，马拉马赛国家野生动物保护区。

■ 右图：花豹把猎物杀死后挂到高高的树枝上，以免被狮子和鬣狗等危险的机会主义者抢走。摄于博茨瓦纳，萨乌提。

似乎还是可以很好地生活，在这一方面雄性花豹和雄狮很像，因为豹群中教育幼崽的任务也是由雌性花豹来完成，它们是幼崽的老师。小花豹对猎物的喜好和捕猎策略等都会受到母亲的影响，有的小花豹会学习在合欢树枝上伏击，耐心等待猎物从树下经过，然后猛地一跃而下将它扑倒；有的小花豹会躲在高高的草丛中，谨慎地慢慢靠近猎物；还有一些小花豹则练成了捕鱼能手。

有一则关于花豹的记载，不仅能展示出花豹非凡的智慧，还能显示出它提前预知危险的能力。据

记录，有一只花豹由于父母落入偷猎者之手，不幸成为孤儿，在森林边缘的野生动物保护区自然长大，非常信任管理这片林区的人类。有一天，一只雄性花豹在附近河流对岸释放信号，引起了这只雌性花豹的注意。于是它跳入水中，横渡河流，随后就消失于丛林之中。不久后，它却出乎意料地又回来了，在这片自己从小长大的林区之中分娩。当它产下的两个幼崽都能站立时，它就把自己的孩子一个个地叼到河岸边一片树根搭建的巢穴之中，显然它认为这是一个安全的

地方。随后发生的事情令人瞠目结舌：暴风雨即将来邻，很快河水水位会上涨，直至淹没这片巢穴。在巢穴被淹没之前，雌性花豹就带着她的孩子重新回到林区，因为它知

道那里不会被河水淹没。

　　之前横渡河流时，这只雌性花豹并不是全程游过，中间有一段还搭了人类朋友的便船。于是，等到雨势减弱的那天，它叼着一只幼崽又一次来到靠岸的船边——花豹嘴里叼着幼崽的时候是不能游泳的。雌花豹就这样乘船开启了第二次渡河之旅。等到它能保证自己孩子安全的那天，它就带着孩子一起进入错综复杂的丛林，此后再也没有回来。

家养猛兽

　　家猫数量众多，人们通常把家猫归为欧洲野猫（*Felis silvestris*）

■ 上图：尽管猫比花豹体型小，但图片中这只家猫叼着幼崽行走的样子与花豹如出一辙。

下的家猫亚种（*Felis silvestris catus*）。

养了一只猫做伴的人或许能讲出一箩筐的养猫趣事来说明猫是多么聪明。关于猫的传闻有很多，比如比起主人，猫更喜欢猫窝；比如猫很叛逆，还很挑剔；更不用提"猫有九条命"这种离奇的传说了。以上传闻几乎都是按照人类的角度做出的判断，毫无道理

可言。猫的进化历程与人类截然不同，要想了解猫的智力水平，需要找到新的标准对此进行评价。哲学家路德维希·维特根认为，理解不同文化间的差异是很困难的事，他还拿猫科动物举了例子："即使狮子会说话，我们也无法理解它在说什么"。

虽然动物每时每刻都在试图向人类发出各种信号，传达它们的所

思所想，但不同文化之间总是隔着无法逾越的鸿沟，人和动物之间的交流似乎无法实现。家猫想要与人交流的愿望表现得尤为明显，它们总是会做出各种举动，制造噪音，有时还会喵喵叫，试图引起人类注意。要想与猫交流，人类就得努力做到像猫一样思考，这可不是件容易的事。

与花豹和狮子等猫科动物十分

上图：不管是猫抓老鼠还是花豹袭击羚羊，都需要使用智慧：耐心等待，伺机而动，找准时机，一击致命，才有机会享用胜利的果实。

相似，野猫也是一种独居动物，就算是从一出生就由人类抚养长大的家猫也不例外。猫的智能主要表现在捕食方面，家猫在与"主人"玩游戏时，它们的许多动作都和野猫在自然中捕猎或求偶时的姿态一模一样。

和许多其他的猫科动物一样，猫幼年时的成长环境和生活习性会影响到它们成年后的行为习惯，幼猫的捕猎技巧都是从母亲那里习得的。

家猫与人类生活在一起时，人类每天都会给它们准备丰盛的食物，因此它们不需要再去自己觅食。但如果它们需要伸展身体，放松精神，或者得到允许可以自由玩耍的话，它们也会因为觉得好玩而去抓捕猎物。就此，不同的家猫会表现出不同的行为，这也进一步证明了家猫的智能较高，因为先天性的行为都是固定的，但聪明的动物都有许多种不同的行为。

有些猫从小就生活在有老鼠的环境中，它们不会把老鼠当作猎物，而是会与老鼠和平共处；还有些猫成年以后，会像在自然环境中长大的猫那样有捕食的行为，总之每只猫都有自己的个性，而不同的个性就造成了猫类个体行为的差异。

狼和狐狸

像狼一样残暴，像狐狸一样狡猾，像豺狼一样奸诈——与动物有关的比喻通常没有什么好的意思。不过，有一种动物却被誉为"人类最好的朋友"。

小巧玲珑的吉娃娃和狮子狗与天性残暴的狼天差地别，但却同属于灰狼这一物种，只不过在几千年的驯化过程中，人类进行了细微的"调整"，选择对自己有利的身体特征，人为培育出许多新品种的"狼"。因此，可以假设野狼也有智能，而且可能智能还不低，但和狗的智能并不同。这是完全有可能的，毕竟人类总是会选择那些更温顺、更忠诚、更聪明的动物进行培育和驯化。

前文已经提到过，对于认知能力较高的动物来说，幼年时期的学习是未来智能发展的基础。同样的，狗从小成长的环境同样也深刻影响其长大后的习性。

狗是人类进行动物智能测试的

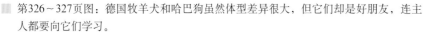
第326～327页图：德国牧羊犬和哈巴狗虽然体型差异很大，但它们却是好朋友，连主人都要向它们学习。

上图：一群非洲野犬（*Lycaon pictus*）幼崽催着一只成年犬吐出食物。摄于博茨瓦纳，奥卡万戈三角洲。

右图：一群非洲野犬默契配合，如果顺利的话，它们将成功捕获水牛这样的大块头，让整个族群都能饱餐一顿。

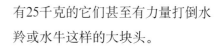

首选对象，因为狗十分配合研究人员的工作，甚至还很乐意积极参加测试，与主人一起快乐地玩游戏。

大部分犬科动物都是社会性动物，智能水平较高，天生就是捕猎能手，甚至还会合作捕猎，杀死比自己体型大得多的动物。

犬之民主

非洲大草原上生活着非洲野犬（*Lycaon pictus*），它们之间相处融洽，是和谐社会组织的范本。联合捕猎时，每只非洲野犬都会有明确的分工，默契配合之下，体重只

有25千克的它们甚至有力量打倒水羚或水牛这样的大块头。

近期，有人观察到了非洲野犬更加奇特的行为：狩猎之前，它们会先进行一种仪式，这种仪式类似于民主投票。起初，一只非洲野犬会先朝着自己的同伴打喷嚏，

示意它们聚拢过来做出集体决策。其他成员如果愿意去狩猎的话，也会以打喷嚏的方式做出回应。当大部分成员都打了喷嚏时，表示决议通过，整个族群都会开始行动；否则，它们就会重新回到合欢树荫下，继续安静地休息。

目前，研究人员已在博茨瓦纳奥卡万戈三角洲地区观察到了非洲野犬的这种交流方式，但在其他地区还没有观察到此类现象。该项发现为非洲野犬研究提供了新的视角，尤其是对于其复杂社会组织的研究。因为它不仅能体现出不同地区的非洲野犬有不同的文化特点，还很有可能证明非洲野犬具有较高的智能。

宿敌

很久很久以前，狼是人类最大的威胁，不仅会与人类争夺猎物、

■ 上图：一头灰狼（*Canis lupus*）对着喂养它的人类展示出自己的肚皮，通常这个动作表示对狼群领袖的服从。摄于挪威。
■ 右图：狼群首领接受下属的臣服，用嘴含住同伴的口鼻，但并不会咬伤它。摄于北美。

捕食人类饲养的家畜，甚至森林中的许多旅人都会遭到狼的袭击，死于狼口。但奇怪的是，与狼拥有共同祖先的狗却成为人类最好的朋友，一次次地帮助人类对抗狼的攻击，比如牧羊犬尽职尽责地守护羊群，不给狼任何袭击的机会。

其实人类只是将狗的社会性倾向为己所用，按照自然中狼群的模式与狗建立起了联系，狗所谓的主人不过就是统领它们的个体。因此，虽然狗和狼同属一族，但它们还是会听从统领自己的男性或女性的命令，做一只尽职尽责的牧羊犬。

狼是适应能力极强的捕食者，虽然它们的社会性很高，但它们既能成群结队地狩猎，也可以独自狩猎。狼有强大的嗅觉、听觉与耐力，可以长距离追赶野兔和麋鹿等猎物。超强的体能和较高的智能使得它们分布广泛，无论是北美洲最北部的格陵兰岛，还是在欧洲、阿拉布半岛以及除了中国南部和东南亚以外的亚洲地区，都能找到众多狼的亚种。

狼群之间完全通过肢体语言来交流。它们通过变换面部表情、晃动尾巴和身体姿态等方式，表达

自己亲切、敌对、骄傲或臣服的态度。狗对自己的主人或者家人也会做出狼的一些肢体动作来传递自己的情绪，比如，狗摇尾巴是在表达亲切友好之意；而当它们躺下露出自己的肚子时，不仅是想要主人给它挠痒痒，还想表明它对主人的臣服。

如果这些都是狗与生俱来的动作，那又何谈"智能"呢？如果我们还保留人类的思维模式而不能从动物的角度去考虑的话，那就永远也无法解答这个问题。

人类可以教狗完成一些特定的动作，但却无法教它们如何思考。

狗的学习能力取决于大脑，也就是说，学不学得会都是它自己的事。

人们总说狗可以分辨人说话的语气，但却听不懂具体字词的意思。但研究表明，虽然说话的语气对狗理解人类语言有所帮助，但这种说法并不属实。研究人员精心设计了一系列实验，要求狗取回散落在不同房间内的物体，而且发号施令时不能让狗看到说话者的表情或肢体动作，结果狗十分出色地完成

了指令，成功取回所有物体，还新学了十几个单词，有些狗甚至可以听懂几百个单词。

还有一种更为常见的说法是，狗比狼聪明，比如，当人用手指向一个方向或一件物品时，狗能明白这个动作是什么意思，但狼却不行。显然，如果对一头野狼做这样的手势，很可能会遭到它的攻击。由人饲养长大的狼却可以像狗一样很好地理解人类的手势，但它们对

手势做出的反应并不完全相同，这种差异也十分有意思。比如，如果狗在找球的路上遇到无法跨越的障碍，就会凑到主人跟前，似乎想要请求主人帮忙；但狼却只会想着依靠自己的力量完成任务。

狗不断向人类展示着自己的智能，这类有趣的故事多得根本数不过来。另外，狗和主人之间的关系非常亲密。2013年进行的一项研究表明，25%的狗主人都认为自己养的

左图和上图：从这两张图中可以清晰地看到，狼和狗在宣示领地主权时使用了同样的嗥叫动作。左图是南非卡拉哈迪跨界公园里的一只黑背胡狼（*Canis mesomelas*），右图则是一只家养的德国牧羊犬。

狗比他们认识的许多人还要聪明！

狡猾的狐狸

赤狐（*Vulpes vulpes*）是一种分布广泛的小型犬科动物，其狡猾更是人尽皆知。狡猾和聪明本来一个是贬义词，一个是褒义词，但这两个词的含义也有重叠的地方，人类尤其喜欢用这两个词来描述一些机灵的动物，但其实人类了解到的许多关于这类动物的事都是不正确的。

▶ 智能与科技

针对大脑活动进行的最新生物科技实验中，使用了一种新的设备，这种设备不仅可以用在人身上，还可以用在狗身上。多亏了狗愿意在没有胁迫的情况下积极配合，这项实验才得以顺利完成。比如，经过训练之后，狗可以长时间静止不动，这就方便了人类对它们活跃的大脑进行核磁共振扫描。该项研究仍处于起步阶段，但根据目前得到的结果，似乎可以推测出不同物种的心理进化过程都存在相似之处。虽然人类一直标榜自己和动物之间有明显的界限，但如果以上推论为真，那么人类自己划定的这条界线很可能根本不存在。

狐狸就是被人类误解的动物之一。狐狸是机会主义捕食者，通常都是独自捕猎，有些人甚至认为狐狸的智能要高于狗。狐狸有时会在人类居住的地区附近出没，甚至还会避开主人的防备，溜进人类的家里偷吃家养的鸡和兔子，因此它在人类世界臭名昭著。

以前，人类总是挖下陷阱来捕猎，这可让狐狸捡了大便宜：它们会记下陷阱的位置，时不时就来陷阱里偷吃猎物，有时候是一只兔子，有时候则是一只野鸡。狐狸每

次杀死猎物后，都会在原地留下一滩粪便或尿液做个记号，而偷吃捕兽夹里的猎物的狐狸也会做同样的举动，然后才心满意足地离开。当猎人回到陷阱所在的位置，却只看到狐狸留下的排泄物时，他们就会觉得自己受到了狐狸的嘲讽。没过多久，狐狸就成了人们口中阴险狡诈的动物，走到哪里都不受待见。

许多人依然笃信关于狐狸的一些传言，比如母狐狸把猎物残骸埋到地下是为了教小狐狸如何找到它们，但其实掩埋残骸只是狐狸的一

种习惯，并不是教育行为。还有人说，狐狸会杀死羊，但已有事实表明，一头成年绵羊完全有能力打败狐狸，只是有时候，几只不幸的小羊羔可能会落入狐口，成为狐狸的一顿大餐。

也许是因为狐狸看起来和猫科动物很像，而且它们都有竖瞳，所以人们一度以为狐狸和猫都是比较孤独的动物，也应该具有和猫相似的行为。如今，人们已经发现，虽然狐狸经常独自出没，但它们的社会关系十分复杂。一对狐狸夫妇占

据的领地内经常可以看到一些刚出生三个月左右的年轻小狐狸，或者年纪更大一些的狐狸，它们之间交流的方式多种多样，既有表情，也有各种动作和声音。

▶ 小型野兽

目前没有相关证据能够证明非脊椎动物有较高智能（但章鱼是个例外，详细情况在后面的章节将会提到），昆虫亦是如此。但是，有一种昆虫表现出了较强的环境认知能力，它就是薄翅螳螂。伟大的自然学家、"昆虫之父"法布尔认为，昆虫之中惟有螳螂能够控制自己的目光；罗杰·凯洛依斯则用几句话就概括出了螳螂的这一特点："其他昆虫只是能看到，螳螂却能观察"。如果我们在一只螳螂面前走过，哪怕只有一瞬间，也能清楚地看到，螳螂的头会随着人移动，目光始终聚焦在人身上。只有在人完全停住不动的时候，它才对人失去兴趣。显然，捕猎时螳螂需要专注观察猎物的运动，因此才形成了这种条件反射。螳螂密切观察着周围发生的一切，其他昆虫似乎就不具备这样的观察能力。目前全世界大约有2000种螳螂，均具有类似的捕食行为。

左图和上图：狐狸的听觉和嗅觉都非常灵敏，它们甚至能揪出躲在地洞里的小猎物。图片中的赤狐（*Vulpes vulpes*）正在经历换毛期，褪去冬天的毛，长出夏天的毛。摄于俄罗斯东部，堪察加半岛，克罗诺基国家自然保护区。

猎物真的笨吗？

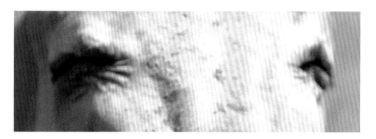

毫无疑问，草食动物不需要拥有很高的智能就能吃到草或树叶。但这并不意味着它们就可以智能低下，因为它们身边危机四伏。

大到水牛，小到兔子，所有食草动物无论体型大小，都是肉食动物的天然食物来源。如果说捕食者为了抓住猎物而进化出了智能的话，那么这些猎物也不得不为了生存而发展出更高的智能。它们的智能不仅是为了获取食物，更是为了自我保护，以免落入捕食者之口。

要想尽量客观地看待捕食者与被捕食者之间的关系，就不能不思考这样一个问题：如果草食动物和肉食动物一样聪明，捕猎就会变成一场简单的体力竞赛，谁跑得更快谁就能获得胜利，而草食动物的速度比大部分肉食动物都要更胜一筹。非洲热带稀树草原上最能直

观地观察到大型猫科动物的捕食行为，显然，如果捕食者不能比跑得更快的有蹄类草食动物有更高的智能，那它们注定要饿死。

大部分瞪羚和其他羚羊都能保持较快的速度长距离奔跑，这种能力也是它们顺利逃脱捕食者追击的法宝。羚羊十分敏感，身边有任何风吹草动都能及时察觉，然后利用自己的长跑能力迅速脱险。

大多数羚羊似乎都没有表现出较高的智能，甚至看到附近有同伴被捕杀时也无动于衷，几乎没有任何意识。

但并不是所有的有蹄类草食动物在面对捕食者时都会逃跑。非洲水牛（Syncerus caffer）通常会结伴活动，队伍虽然并不壮大，但却

第336～337页图：一只跳跃的雌性高角羚（*Aepyceros melampus*）。面对捕食者，羚羊会做出跳跃的动作以展示自己的强壮，好让捕食者趁早放弃把自己当作狩猎目标的打算。摄于南非，克鲁格国家公园。

左图：面对一大群强壮的非洲水牛（*Syncerus caffer*），狮子毫无招架之力。摄于肯尼亚，马赛马拉国家保护区。

上图：两头麝牛发现灰狼（*Canis lupus*）立刻进入防御状态。摄于加拿大，努纳武特地区，埃尔斯米尔岛

▶ 麝牛的御敌法宝

　　北美寒冷荒凉的苔原之上，也有一种动物会像非洲水牛一样合作抗敌。在这样的极端环境中，长着厚厚的毛皮和牛角的麝牛（*Ovibos moschatus*）经常遭到狼群的围攻。机智的狼群总是能将麝牛围得严严实实，但狼群的包围并不会引起麝牛的惊慌：遭到围攻时，麝牛会立刻紧紧缩成一团，幼犊和较弱的个体在圈内，强壮的个体在圈外。于是，外圈麝牛用自己强壮的头和坚硬的牛角组成坚不可摧的防线，任凭狼群怎么攻击，都不可能得逞。

　　组织严密，而且会互帮互助。如果有掉队的成员遭到了狮子的攻击，其他成员就会赶来支援，多数情况下它们都能成功击退狮子的进攻。

　　非洲水牛的这种行为说明它们有意识、有能力了解其他个体的需求。也许正因为它们的体能很好，所以这种意识和能力才如此发达。非洲水牛如果通力合作，甚至能击退狮子这种非洲最大的猫科动物。

斑马、驴和马

　　斑马、角马和瞪羚混群而居，遇到危险时还会围成一圈共同战斗，把幼崽护在圈内，以免它们遭受捕食者的伤害。这说明它们已经

■ 上图：一群平原斑马格兰特亚种（*Equus quagga boehmi*）严密监视着两头母狮的一举一动，以防它们图谋不轨。从图中可以清楚地看到，斑马的这种特殊条纹会让它们的轮廓变得模糊，使得捕食者很难集中目标。

■ 右图：一头非洲野驴索马里亚种（*Equus africanus somalicus*）的面部特写，这只野驴来自索马里和埃塞俄比亚。

有了一定程度的社会组织。

斑马、驴和马是近亲，它们都属于马属。三种动物无论是行为还是智能水平都相当，但奇怪的是，人类总是觉得它们很不一样。

比如，瑞典生物学家林奈在其作品《自然系统中》中这样定义驴的特点："……迟钝，愚蠢，粗鲁，总是发出怪叫，放荡不羁，长着一对标志性的大耳朵……"。长久以来，驴似乎早已成为愚蠢和无知的代名词，经常被用来比喻搞砸了事情的人："真是一头蠢驴！""你怎么笨得像头驴！"实际上，人类对驴的认识一直有失偏颇。无论是非洲野驴（*Equus africanus*）还是家养驴，真实的情况都与上述描述大相径庭。

另外，一直以来人们都认为马是一种聪明又高贵的动物，因为一看到马，人们就会想到国王和军官。因此，直到今天，骑马在跻身上流社会的人士中仍是备受青睐的一项运动。而驴则是"穷人的马"，因为驴身体耐力极好，只需吃很少的粗糙口粮就能完成许多繁杂的工作，因此驴成为农村地区极为常见的家养牲畜。

目前并没有相关依据能够证明马不像驴一样笨，或者说，驴不如马聪明。非要说有什么依据的话，通常如果驴认为自己得到的食物太少但要做的工作却过于繁重，它们

动物明星的智能

　　电影或电视剧里经常会有动物参演，有时动物还是主角。人类总是对影视作品中聪明的动物感到惊奇，但这其实是一个误区。

　　马是影视剧中除了狗以外最常见的动物。动物演员都演得很好，但这并能说明它们智能很高，不要忘了动物演员都接受过专业训练，它们的训练员也功不可没。此外，大多数影视剧中并不会使用同一只动物拍完所有镜头，而是会找来许多的动物演员，根据拍摄的需要和动物自身的天赋，让不同的动物去执行不同的任务。比如，有只马学会按照指令弯下身子，另一只马则更擅长推开栅栏门，等等。当然了，出镜的所有动物都需要长得非常相似，这样才能骗过观众的眼睛。这样的作法有点像某些特定的镜头中代替主要演员完成拍摄的替身演员。

　　所以，我们在影片中会看到马和狗做了许多不同的动作，实际上这些动作是由三四只长得很像的动物一起完成的，每只动物都有自己的拿手好戏。为了让成片显得更加真实，对场景进行适当剪辑也非常有必要。

就会罢工，或许这一行为能够说明驴并不是既愚蠢又倔强，而是有智能的。所以，看吧，人类总是站在自己的角度解释动物的行为，甚至还自以为是地对它们妄加评论！

■ 上图：一只纯种安达卢西亚马。法国画家雅克-路易·大卫著名的《拿破仑骑马像》中的马也摆出了这样狂放的姿态。
■ 右图：两匹野化家马正在争夺马群首领。摄于美国，怀俄明州，白山牧区。

动物的
创造性

把箱子堆得足够高才能够到食物，在猴子展示出的众多推理能力中，这只是其中的一种。海豚显然没有这样的行为，但是它们也在许多方面表现出了智能。还有其他许多动物，虽然有着不同的身体特征，但也以各种方式在许多方面展示出自己的智能。

怎样才能比较乌鸦和老鼠的智能呢？老鼠的爪子就像手一样，而乌鸦却只能用喙抓取物体。但是，两种动物对自己的身体结构运用自如，令人惊叹。

手、嘴、鳍、喙、象鼻、触手……当然还有大脑，都能让从大象或章鱼等这些从进化的角度看相距甚远的物种创造出解决方案，以满足它们日常的生活需要。

■ 左图：一只寒鸦（*Corvus monedula*）把苹果翻转过来，这样就能吃到苹果没有结冰的底部。摄于英国，赫特福德。

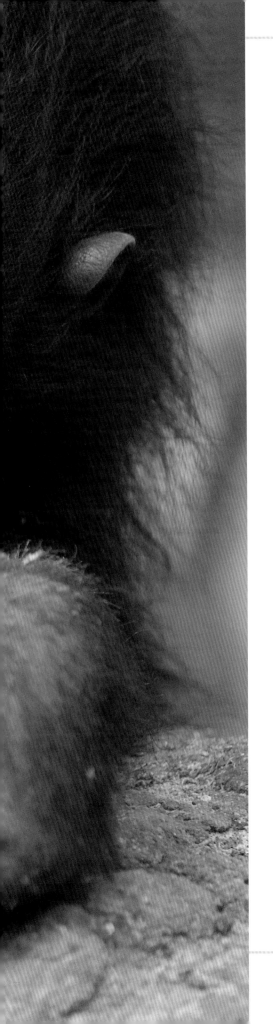

请给我一根杠杆

前文已经介绍过，猴子能够巧妙灵活地使用工具。但猴子并不是唯一一种可以使用工具的动物，某些哺乳动物、鸟类，甚至还有一些软体动物，都展现出了使用工具的能力。

关于动物身上像手这样能够抓取物体的解剖结构是否能促进智能的发展，历来争议不断。不过，毋庸置疑的是，动物抓取物体的方式越多，在智能进化的过程中就更容易发现各种物体不同的用途。

黑猩猩是最典型的例子。黑猩猩会用木棍来取食蚂蚁，它们会把木棍伸进蚂蚁或白蚁窝中，这些小昆虫为了保护自己的领地就会爬到木棍上，这时黑猩猩再把木棍取出来，此时，上面已经黏附了许多蚂蚁或白蚁。要想吃到足够多富含蛋白质的蚂蚁或白蚁，除此之外别无他法。经过长年累月的学习，许多黑猩猩都能掌握这类取食技巧。

■ 第346~347页图：这只年轻的黑猩猩已经学会了用木棍取食白蚁，从图中可以清楚地看到它正专注而努力地使用这项技能。摄于坦桑尼亚，冈贝河国家公园。

■ 上图：聪明的拟鹱树雀（*Camarhynchus pallidus*）巧用仙人掌刺，从树干和树枝上大大小小的裂缝和树洞中掏食昆虫幼虫。摄于厄瓜多尔，加拉帕戈斯省，圣克鲁斯岛。

■ 右图：白兀鹫（*Neophron percnopterus*）是一种聪明的动物，也许只有它才能想到可以用石头来砸开鸵鸟蛋壳。

雀鸟和秃鹫

加拉帕戈斯群岛是达尔文雀的专属家园。通过对生活在此地的这些雀鸟细致入微的观察，达尔文进一步完善了著名的进化论。岛上的一种小鸟有和黑猩猩类似的取食行为，它们都会用木棍取食昆虫。拟鹱树雀（*Camarhynchus palli-dus*）没有啄木鸟那样又尖又长的舌头，但它找到了另一种非常有效的捕食方式——用仙人掌刺掏食躲在树洞和裂缝中的昆虫幼虫。这种小雀鸟熟练地用喙操纵仙人掌刺，它的喙和其他动物的手指一样灵活。拟鹱树雀通过这种方式抓到虫子，为自己补充足够的蛋白质。

这种行为是有文化传承的，因为根据观察，并不是所有种类的拟鹱树雀都会用仙人掌刺取食虫子，就算是在会掏食虫子的鸟类种群之间，也有一些拟鹱树雀比其他拟鹱树雀更加熟练。因此，拟鹱树雀并不是天生就会用仙人掌刺取食，这是它们后天习得的能力，这种能力在一次次的尝试中不断完善。

在世界上另一个与加拉帕戈斯岛上的环境完全不同的地方，还有一种鸟类的取食行为和黑猩猩用石头敲碎坚果壳的行为很相似，这种鸟就是白兀鹫（*Neophron perc-nopterus*）。白兀鹫是一种小型秃鹫，主要分布在南欧、亚洲和非洲大部分区域等一些气候较为温暖的地区。

白兀鹫体型较小，没有能力和

其他大型秃鹫竞争，但较高的智能弥补了身体条件的不足。当体型较大的秃鹫吞食动物尸体时，聪明的白兀鹫会潜伏在一旁，等待合适的时机混过去偷一些碎肉残渣，以此果腹。

白兀鹫的饮食种类相当丰富，不过最受它们青睐的食物非鸟蛋莫属，可惜它们脆弱的喙根本敲不开厚厚的鸵鸟蛋壳。于是，为了顺利吃到鸟蛋，白兀鹫会做出一种特殊的举动：它们会用喙叼起一块石头，然后将石头砸向鸟蛋，就这样反复多次，直到把蛋壳砸开。

根据观察，白兀鹫的这种行为似乎与生俱来，并不是通过后天的学习得来的，这样看似乎它的智能并不高，但现实恰恰相反。白兀鹫总体表现出的认知能力比任何一种其他秃鹫都要高，它们甚至还能轻松自如地与人类互动。

▓ 上图：一只海獭（*Enhydra lutris*）抱着它最喜欢的石头仰漂在水面上。海獭主要以贝类为食，它们需要用石头敲开贝类坚硬的外壳才能吃到里面柔软的肉。摄于美国，加利福尼亚州，蒙特雷湾。

▓ 右图：一只年轻的海獭正津津有味地享用着美味的贝类。摄于美国，加利福尼亚州，埃尔克霍恩沼泽地。

海獭

海獭（*Enhydra lutris*）身长1米有余，重约40千克，具有众多出色的能力。首先，它们对海中生活的适应程度甚至比海豹和海狮还要强，就连交配和分娩都能在水中进行，根本无须回到陆地繁殖。

海獭身上平均每平方厘米约有10万根毛发，密度堪称哺乳动物之最。厚厚的皮毛既柔软又保暖，还有防水的功能。

海獭和臭鼬、白鼬是近亲，但它的智能比另外两种动物要高出不少，使用工具的能力在食肉动物中也是数一数二的。

海獭主要以软体动物为食，它们经常在水里捞贝壳吃。海獭喜欢吃的贝类大多有很硬的壳，而海獭敲碎贝壳的方式非常奇怪：它们会仰漂在水面上，胸前放着一块平整的大石头，前肢则抱着贝壳不断砸向石块，直到把壳敲碎。有些大型软体动物会紧紧吸附在水底的岩石上，但这可难不倒海獭。为了吃到鲍鱼，海獭会带着石头潜入水中，不断砸向鲍鱼的底盘，强行让鲍鱼与岩石分离。

通常来说，海獭都会挑选一块最喜欢的石头当作自己的工具，无论走到哪里都随身携带。

▶ 濒 危 物 种

海獭主要生活在太平洋海域，日本、北美直到加利福尼亚沿岸都有分布。十八世纪以来，人类为获取海獭毛皮而对其进行大量捕猎，使得海獭濒临灭绝。目前海獭分布沿岸多国已出台相关措施对海獭展开保护，因此近年来海獭的数量有所回升，全世界大约共有50000只，尽管如此，海獭现在仍被列为濒危物种。

发明工具

　　如前文所述，学会使用合适的石头敲开坚果壳或蛋壳对动物来说是一项了不起的能力，只有智能较高的动物才具有此类行为。但接下来要介绍的动物的能力可能会让读者更加惊讶，有些动物会将几个物体组合在一起，做出新的工具！

　　人们过去认为只有人类和类人猿才具有制造工具的能力。比如黑猩猩能把两根棍子拼接在一起做成更长的棍子，这样就能够到更远的

左图：鸦科鸟类都非常聪明，比如图中这只夏威夷乌鸦（Corvus hawaiiensis）就会把一根棍子伸进树枝上的洞里去掏食物，也许真能掏出一只虫子来。这种行为和猩猩用木棍取食蚂蚁的行为十分相似。

上图：新喀鸦（Corvus moneduloides）是一种很聪明的动物，人们对它做了许多的研究。图中这只成年新喀鸦正在给一只小新喀鸦喂食蜗牛。摄于新加勒多尼亚。

地方。

将两个以上物体组合起来做成新的事物对人类来说是很简单的事，但组合之前不仅需要有将其恰当组装的能力，还需要对每一种物体的属性了如指掌，并预先判断组合后呈现的效果。这一过程绝对算得上是发明，人类之中至少年龄达到五六岁的孩童才有能力进行最简单的发明。

最近又有一个新物种被纳入了"发明家"的行列，但它不是哺乳动物，而是一种鸟，这种鸟就是新喀鸦（Corvus moneduloides）。位于澳大利亚以东的太平洋海域坐落着新喀里多尼亚岛屿，新喀鸦就是这座岛屿上特有的物种。

面对一堆短小的管子和棍子，不到几分钟的时间，新喀鸦就想出了组装的办法：它把这些物体穿插在一起，做成一根更长的棍子，这样就能够到外面的食物了。参与实验的新喀鸦中，有一只甚至可以将三个物体穿插在一起，这种能力实属难得，在除了人类以外的整个动物界都算得上数一数二。

一喙多用

　　大部分的鸟类只有下喙（即下颌骨或下嘴鞘）能动，而上喙（上颌骨或上嘴鞘）则与头骨连体，就像人类张嘴时只有下颌骨可以动一样。但是鹦鹉像钩子一样的上喙也有一定程度的活动能力，上喙、舌头和下喙一起组成了敏捷又有力的抓取器官，成为它们的"第三肢"。鹦鹉的爪子也非常独特：每只爪子上有四根指头，两指向前，两指向后，方便它们抓树枝。鹦鹉只需要用一只爪子就能牢牢地抓住树枝站稳，另一只爪子还能腾出来去抓取别的物体，再放进嘴里紧紧咬住。

　　鹦鹉不仅能熟练地运用喙和爪子抓取物体，甚至还能用鸟喙锋利的尖端和边缘对物体进行加工改造。

　　目前已经有多种鹦鹉表现出比其他鸟类更高的智能。比如，戈芬氏凤头鹦鹉会使用工具，而且能有意识地按照需要对工具进行改造。据记载，它们会用喙把木头咬成一些碎木块，再用它们去够放置在网外的种子。如果咬下来的木块太长或太短，它们还会根据需要进行调整。

　　不过，目前只在圈养的鹦鹉身上可以观察到这种行为，并无记录显示野生鹦鹉也有类似的行为。但我们不能排除有这种可能性，因为就算是圈养的鹦鹉，这种改造工具的能力也是其自发形成，并不是接受任何训练的结果。　■

■ 上图：紫蓝金刚鹦鹉（*Anodorhynchus hyacinthinus*）特写，从图中可以清晰地看到它的爪子和喙能很好地操纵物体。摄于巴西，皮奥伊州。

大象，老鼠和乌鸦

伊索寓言里讲的那些动物故事并不只是虚构，这些动物真实的智能水平远超人类的想象。本文提到的仅是一小部分，现实世界中还有很多动物都向人类展现了非凡的才能……

要想运用理论概念解决问题，首先就必须得记住所学的概念。不背不记就想形成逻辑思维如同不用砖头就想盖房子，都是不可能的事。

许多动物都有记忆，能在一定程度上回忆过去的经历，其中不愉快的经历占大多数，愉快的经历只占少数。如果一只鸽子曾遭到狗的追捕或撕咬最终成功脱身，今后一见到狗就会十分警觉；如果一只鸟在公园某处发现了人类放置的谷物，它们就会记下这个地方，之

第356～357页图：虽然草原非洲象（*Loxodonta africana*）庞大的体型就足以让人印象深刻，但它们在诸多情况下表现出的智能才能真正体现出其魅力。摄于肯尼亚，奥尔多约。

上图：大象总是对死去同伴的尸体很感兴趣，就算是已经化为白骨，它们也依然会上前查看。至今都没人能为这种神秘的行为找到合理的解释。摄于南非。

右图：大象后腿站立，前腿腾空，用鼻子可以够到金合欢树枝头。在大象这种巨型动物旁边，牛背鹭显得十分不起眼。

后还会再回到这里，希望能再次找到食物。

这些行为虽然也能体现动物的智能，但这种智能却与生存机制关系紧密。动物的生存机制与它们的天性协同作用，在其对环境的适应中起决定性作用。

大象的好记性

不管做任何事，好记性都非常重要。大象的记性就很好，甚至在一些地区人们会用"大象的记忆"来形容一个人能记住所有事。

也许有人会说并不是记忆越好智能就越高，就像有些人能背下整本书，却完全不能理解书中的内容，但是只有记住书中每个字词的含义，才能真正读懂一本书。

数次实验结果和对于大象野外生活的记载都表明，大象不仅有好记性，而且还能与同伴分享并传授自己的经验，哪怕是很久之前的经验也能善加利用。

要对大象进行研究可不是一件容易的事，想想看，光是它们庞大的身躯就足以让研究人员感到头疼了。大象很容易就能通过"镜子实验"，但是它们表现出自我意识的方式可不怎么温柔，被打碎的镜子不计其数，甚至一度让最满怀信心的研究人员都陷入绝望。尽管如此，还是可以清楚地看到大象能够认出镜子中的自己：它们会对着镜子张大嘴，或者用长鼻子挠挠自己的头，有时还会不停地摩擦研究人员在它们身上做的白色标记，似乎想要将其抹去。

但在使用工具的测试中，大象却出乎意料地表现得有些笨拙，不过人类在进行这类实验时或许也忽略了大象与人类不同的特征。在摆弄树枝或石块等物体时，大象使用的器官通常是鼻子而不是四肢。大象的鼻子十分强壮，碰撞时迸发的力量轻而易举就能让一辆吉普车沦

上图：驯象人与大象的关系十分亲密，图中的这位驯象人正在给他的亚洲象（*Elephas maximus*）洗澡。摄于印度东北部，阿萨姆邦，卡齐兰加国家公园。

第262～263页图：亚洲象和非洲象一样，都是由雌象来统领象群。年纪最大的雌象凭借自己多年的经验维持象群的繁荣，象群中从没有任何一个成员质疑她的权威。这张图片中，象群首领正在和其他雌象交流，从这些雌象粗壮的腿中间可以瞥到一些正在吃奶的小象。摄于印度，科比特国家公园。

为废铁。但象鼻末端又十分敏感。如果拿一把花生混着硬币送到大象面前的话，大象只用鼻子就能把花生放进嘴里，而把硬币留下。其实大象可以通过触觉和味觉来区分物体，但人们却总是忘记像树干一样

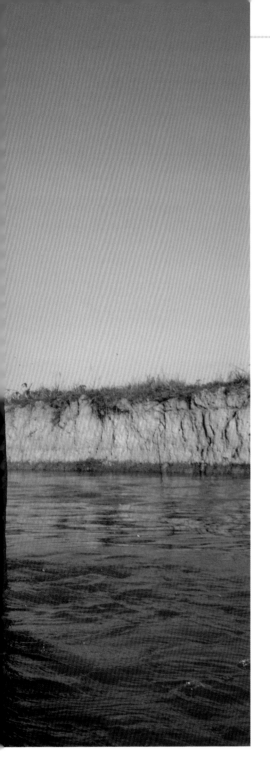

粗壮的象鼻也是大象的嗅觉器官，它不仅外形健壮有力，对气味也十分敏感。

在工具使用测试中，研究人员把食物放在象鼻够不到的地方，又在大象旁边放了一根棍子。为了够到食物，大象拿起了棍子，但后来不知为何它又把棍子放了下来，最终没能通过测试。其实原因显而易见：大象主要依靠嗅觉来判断食物的位置，但当它用鼻子卷起棍子的时候，鼻腔会因卷曲而堵塞，这样就闻不到食物的味道了。如果给大象提供不需要象鼻就能使用的工具，也许测试会有不一样的结果。

所有测试几乎都选择了亚洲象（Elephas maximus）作为研究对象，因为亚洲象与人类之间的合作最为久远。但这并不是说人类已经像驯服猫和狗那样，让大象真正变成了"家象"。几千年来，大象帮人类做了许多繁重的工作，因此有人称大象为"活的推土机"，但人类却并没有对大象进行基因改造。有些大象与驯象师一起生活，但它们的父母和兄弟姐妹却都是野象，依然能在丛林中悠闲地自由漫步。此外，虽然人类与大象之间建立了紧密的联系，但大象还保留着自己的自由意志，因此大象伤人的事故并不少见。

大象除了有自己的意志以外，智能水平也较高。有时候它们会用草塞住颈铃，不让它发出声响，这样就能偷偷溜走一小会儿。

长期以来，生活在非洲稀树草原上的草原非洲象（Loxodonta africana）一直都是科学家的研究目标。草原非洲象的社会生活极其复杂，雌象与单身成年雄象的关系尤甚。每个象群都由雌象统帅，而且通常是象群中年纪最大的雌象。作为首领的雌象总是积累了更丰富的经验，比如，当它在旱季找到了一个位于几千米之外的水坑时，它会记下水坑的位置，甚至直到几年后还能准确地找到这处水坑，而族群中的其他成员都不知道水坑的存在。

大象这种动物非常特殊，伦理学家在跟踪、研究和理解其智能水平时面临着极为艰巨的挑战。在对生活在肯尼亚博塞利国家公园内的大象种群进行研究时，科学家们有了令人惊讶的发现：在大象的世界里，更多的信息是由声音和气味传递，而不是图像。

据观察，当马赛人靠近时，大象会显得十分警觉并在第一时间逃跑，但它们却不害怕坎巴人。这是因为在马赛人的传统中，用长矛刺大象是考验武士勇气的一种方式，但坎巴人则从来不会打扰大象的生活。大象视力并不好，它们似乎并不是通过衣着和面容认出谁是马赛人的。研究人员对此做了很多测试，他们用扩音器播放马赛人、坎巴人等不同种族的方言，最终发现大象可以识别出马赛人的语言。

"看啊，一群大象朝这边走过来了。"只有在听到用马赛语说出来的这句话时，大象才会立刻逃跑。此外，更深层的研究表明，大象甚至可以通过声音区分马赛人的性别和年龄，当听到成年男人而不是妇女或儿童的声音时，它们会表现得更加警觉。

■ 上图：一只年轻的褐家鼠（*Rattus norvegicus*）爬上树枝去够鸟的食槽。智能就是这类啮齿动物成功的秘诀。摄于英国，格洛斯特郡。

聪明却惹人厌的褐家鼠

各地对褐家鼠（*Rattus norvegicus*）的称呼各有不同：沟鼠、粪鼠、白尾鼠，有些地方只会把它称为"老鼠"，但通常"老鼠"指的是黑家鼠（*Rattus rattus*）或其他鼠类。几个世纪以来，人类一直对这类啮齿动物深恶痛绝，因为鼠类不仅会啃食食物，直接给人类造成损失，还会传播许多危险病毒。

适应能力、机会主义和智能让鼠类在与人类持续至今的殊死斗争中依然能够发展壮大。虽然大部分人还是很讨厌鼠类，但鼠类的行为是很有趣的一个研究领域，特别是树皮鼠在"最聪明的动物"中也榜上有名。

家鼠也许是实验中最常见到的动物，因为许多家鼠都生活在有人类的环境中，它们的生活环境和实验室的环境相差无几。正因如此，它们可以被用来进行众多认知测试实验，结果它们往往能展示出非凡的学习能力。比如，在复杂的迷宫中，家鼠很快就能学会沿着正确的路线去寻找食物；但在同样的迷宫中，如果没有视觉参照物的话，人

类不可能有这么好的方向感。

在一项测试中，每隔一段时间，研究人员就会在迷宫中特定的地点放置食物，而家鼠也学会了等待一段时间之后再去光顾食物放置点，这样它们就不会空手而归了。

在这项实验中，家鼠不仅要能记住食物放置点，还要记住间隔的时间，其中就涉及了逻辑推理的三个基本要素：事件、地点、时间，即英语中的"三个W法则"：What，Where，When。

鼠类种群内部的文化传播现象也能明显地体现出它们的智能。比如，生活在水域附近的种群会集体"潜水捕鱼"，它们会潜入水中收集自己喜欢的贝类（比如无齿蚌和珠蚌这两种淡水贻贝）。幼鼠并不是天生就会潜水，而是通过模仿熟练的成年鼠才学会了潜水这项技能。

难听的声音和聪明的脑子

一只乌鸦在垃圾桶附近跳来跳去地寻找食物，这一幕中，乌鸦小小的身体里藏着的那颗聪明的脑袋正在思考。许多聪明的鸟都属鸦科，比如我们此前介绍过的新喀鸦甚至有使用工具的能力。总体而言，所有鸦科动物都有较高的认知能力，其中较为人熟知的鸦科鸟类有：乌鸦、白嘴鸦、寒鸦、喜鹊和松鸦等。

一些鸦科动物的行为有时会令人惊讶，西丛鸦（Aphelocoma californica）就是其中之一。西丛鸦体型较小，体长约30厘米，性情较为活泼。

西丛鸦有提前储藏食物的习惯，它们会在不同的地方建起许多地下"储藏室"，以备不时之需。西丛鸦对人类非常熟悉，它们经常会从露天餐馆的餐桌上偷面包和其他食物。动物行为学家妮可·克莱顿曾发现，如果一只西丛鸦在挖洞藏食物时还有其他同类在场，它们

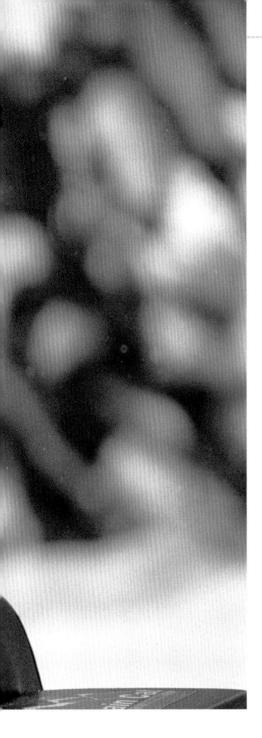

■ 左图：渡鸦（*Corvus corax*）用其强壮有力的喙打开了汽车隔层来寻找食物。摄于美国，怀俄明州，黄石国家公园。

■ 上图：西丛鸦（*Aphelocoma californica*）能完成对许多对于鸟类来说难以企及的行为，甚至可以与黑猩猩媲美。摄于美国，得克萨斯州，丘陵带。

就会等同类离开后再去把洞穴挖开，将食物转移到另一个藏匿点；但如果藏匿食物时身边没有同类的话，它们就不会这么做。西丛鸦似乎并不信任同类，因为如果同类知道了自己的储存食物的地点，很可能会来偷走它们的食物。

在其他一些专项实验中，西丛鸦也使用了这样"狡猾"的伎俩，这说明西丛鸦自己是"贼"，因此觉得自己的同类也是"贼"。与此同时，这也说明西丛鸦具有规划未来的能力，而此前的实验中只在黑猩猩身上才观察到过这种能力！

在随后的测试中，渡鸦（*Corvus corax*）也表现出了类似的行为，证明鸦科动物普遍具有此类智能。

聚焦 听听是谁在说话

人们总是说"鹦鹉学舌"，但或许我们需要改一改这种说法了，因为最新研究表明，鹦鹉并不止能熟练地模仿人类的声音，还具有较高的理解能力和将词语与物体联想起来的能力。

不过，人们目前对于鹦鹉"说话"的能力有两种截然不同的看法：一种认为鹦鹉的这一行为明显体现出它们的语言智能；另一种看法则相反，认为它们只不过是能模仿人类发声，并没有什么意义。

研究人员通常很喜欢拿鹦鹉来做实验，其中被研究最多的就是非洲灰鹦鹉（*Psittacus erithacus*）。非洲灰鹦鹉模仿人说话的能力很强，人们在进行实验时总是让它将自己听到与说出来的词语和其具体的含义联系起来，结果出人意料。

在许多的实验中，一只名叫亚历克斯的非洲灰鹦鹉的智力水平与狗相当，某些方面甚至更胜一筹。它不仅能掌握许多词语的含义，还能准确无误地回答出一些涉及概念关联的复杂问题。比如，在它面前摆放两个颜色不同的物体，对它提问："这两个物体有什么不同？"亚历克斯的答案是："颜色。"而且这些问题和答案都没有预先提供给它，对它提出的问题每次都不一样。

左图：非洲灰鹦鹉（*Psittacus erithacus*）是一种具有鲜明外貌特征的非洲动物。

狡猾的青山雀和暴躁的欧亚鸲

山雀是一种非常聪明的小鸟，在城市也十分常见。直到几十年前，英国的牛奶还是装进瓶子里送到客户门口，山雀也因此学会了撕开封瓶口的锡箔盖，以便喝到牛奶。显然，山雀的这种行为并不是与生俱来，因为牛奶瓶并不是自然界中的事物，而且在自然界中很难找到一样与之类似的东西。这项特殊的技能很快就在山雀群体中传播开来，引得许多山雀竞相模仿，很快所有山雀都学会了撕开瓶盖偷牛奶喝。

青山雀（Cyanistes caeruleus）是最小的山雀之一，但它并不是山雀中唯一表现出智能的鸟。比如，山雀中最大的大山雀（Parus major）很快就能想到办法取下用绳子吊在树枝上的食物：它们先用

左图：一只青山雀（*Cyanistes caeruleus*）撕开玻璃瓶上的锡箔封口，以便喝到瓶中的牛奶。摄于英国，萨里郡。

上图：虽然看起来小巧玲珑，但实际上欧亚鸲（*Erithacus rubecula*）会对同类表现出很强的领地意识和攻击性，比如图中的这两只面对面的欧亚鸲。摄于英国，诺福克。

喙提起线的一端，然后不断地用爪子拉，直到将食物取下来。

人们非常欢迎优雅的山雀来自家花园做客，但却很少有人知道这种小鸟的本性：山雀经常会攻击其他小鸟，为了获取食物，它们杀死了不少白腰朱顶雀（*Acanthis flammea*）、斑姬鹟（*Ficedula hypoleuca*）等小鸟。

欧亚鸲（*Erithacus rubecula*）是城市花园中的另一位贵客。它们攻击性极强，特别是对待侵犯自己的领地的同伴时丝毫不会手软。在镜像测试中，欧亚鸲并没有表现出较高的智能，但是有人曾看到欧亚鸲会愤怒地攻击汽车后视镜中自己的镜像，甚至喙都啄出血了还不停止进攻。

鲸的智慧

由于身体结构的限制，海豚不能操纵物体或者做出表情，尽管它们的身体类似鱼类，但人们早就知道，海豚等鲸目动物都非常聪明。

人类与海豚进行互动较为容易，因为海豚具有较高的认知能力，而且针对海豚行为进行的研究也有悠久的历史。但是，由于海豚喜欢的生活环境与人类的生活环境差别极大，因此人类要想理解海豚的"视角"是一件非常困难的事。海豚的大脑非常复杂，起初人们甚至猜测它们比人类还要聪明。尽管今天人们对于海豚智商的期望有所降低，但仍有大量客观数据表明海豚绝对可以算作最聪明的动物之一。

最近，人们观察到海豚的齿间总是夹着一块海绵，用它来搅动海底的沙子，让小鱼小虾无处藏身，人们认为这是海豚使用工具的一种行为。不过，也正是由于身体结构的限制，海豚对于工具的使用或许也仅限于此。

对鲸目动物通讯系统的研究更为有趣。鲸目动物可以用多种不同的声音进行通讯，覆盖的频率范围比人类更广泛，甚至还包括超声波

左图：为了把鱼群赶到一起，几只大翅鲸（*Megaptera novaeangliae*）在水中吐泡泡，这些气泡上升到海面形成"鱼网"，这时大翅鲸会浮出水面，在气泡渔网中张开血盆大口，将鱼群尽数吞入口中。用这种方式捕获的猎物数目非常可观。摄于美国，阿拉斯加州，占丹海峡。

和次声波。

齿鲸，顾名思义就是有牙齿的鲸类。人们都知道齿鲸依靠回声定位，它们会发出声音，通过回声来判断周围的环境。此外，齿鲸群体之间也是通过声音来进行交流。

每种动物都有自己的语言，语言通过文化来传播，甚至同一物种的不同种群的语言也会有差异，可以理解为每个种群都有自己的"方言"。

此外，同一种动物的捕猎方式也会因种群所处的地域不同而呈现出差异，种群成员之间相互学习、相互合作，形成捕猎策略的地区多样化。

尽管在圈养测试中，齿鲸表现出的理解力和解决问题的能力都很高，把它们与猿猴或狗等陆地动物做比较不仅很武断，而且没有必要。

人们针对宽吻海豚做了许多的研究。除了生活在人工饲养环境中的个体外，自然中野生的宽吻海豚也对人类非常友好。

说到最聪明的动物，虎鲸必定榜上有名。躲在浮冰之上的海豹总是会成为虎鲸的猎物。虎鲸会先靠在浮冰的一端，出其不意把浮冰撞倾斜，让海豹全都掉进水里。一些地区的虎鲸为了抓到沙滩上的海豹，甚至会完全从水中出来，到海滩上去捕猎。

须鲸就是有鲸须的鲸类。须鲸科动物，比如露脊鲸和长须鲸，似乎看上去不太聪明，但大翅鲸

（*Megaptera novaeangliae*）捕鱼时使用的复杂技巧打破了人们的这种印象。大翅鲸从很深的水里游上来，绕着圈搅动海水，在鱼群周围形成一片密实的气泡渔网，然后再跃入气泡网中，张着大嘴浮出水面，将鱼群一口吞下。

▥ 左图：这一组图完整讲述了一个故事：一头虎鲸（*Orcinus orca*）在一块浮冰附近游动，浮冰上趴着一头威德尔海豹（*Leptonychotes weddellii*）。在这样的场景中，虎鲸会用它们庞大的身躯制造的波浪将浮冰掀翻，或者至少让可怜的海豹落水，无法脱身。摄于南极半岛，玛格丽特湾。

▥ 上图：一头宽吻海豚（*Tursiops truncatus*）在浅滩的海绵上摩擦。摄于巴哈马，伊柳塞拉岛。

会思考的章鱼

如果说对海豚这种哺乳动物的智力进行评估是一件很困难的事，那么或许我们也不可能与章鱼这样和人类相差甚远的物种产生共鸣。

章鱼是软体动物，但它却是非脊椎动物中的特例，因为多种证据表明，它们有令人惊讶的认知能力。

关于普通章鱼智能的逸闻趣事，潜水员的记录可以编成好几本书，但他们也说过"许多轶事并不是事实"，关于章鱼的很多记载都被夸大其词甚至歪曲。但是，通过一系列的对照试验，加上对自然界中章鱼行为的细致观察，已经证实了章鱼的学习和记忆能力。比如，如果章鱼曾在某块礁石上看到过自己的天敌——海鳝的巢穴，它就会记下这些位置，避免以后误入。

人工饲养的章鱼甚至能拧开玻璃瓶的瓶盖，拿出里面的食物。然而，有人也对章鱼这种出色的表现持不同的看法，认为这不过是章鱼在用触手进行的多次尝试中偶然取得的一次成功。

章鱼的八条触手，或者说八条腕，是它们高效的抓取器官，或许也是促进章鱼智能发展的因素之一。但最不同寻常的是，除了复杂的大脑以外，章鱼的触手上遍布神经网络，每一条触手都能独立控制吸盘的活动，就好像在大脑的总体控制之下，每一条触手都有能力独立思考一样。

小小的两鳍蛸（*Amphioctopus marginatus*）会收集印度尼西亚海岸沙滩上的居民们丢弃的椰子壳，把它们当作自己的庇护所。它们会挑选两半和自己的身形大小差不多的椰子壳，把自己装进壳里。两鳍蛸会用吸盘操纵两半椰子壳，将壳分开或合拢，以便观察周围的环境；或者它们会从壳中伸出两条触手在海底"行走"，假装自己的是一颗在海浪中随波逐流的椰子。人们认为这也是一种特殊的使用工具的行为，但也可能这样的评价过高，因为或许两鳍蛸习惯于把双壳动物的壳用作自己的"便携式庇护所"，而捡椰子壳不过是这一行为的变化形式罢了。

总之，这种行为非常有趣，或许在此基础上还可以研究大自然中除哺乳动物和鸟类之外的动物如何利用环境中的有利条件。许多章鱼都会用石头来封住洞口，这种行为可能也属于这一研究范畴。

右图：两鳍蛸（*Amphioctopus marginatus*）从庇护壳中探出头来四处张望。这种聪明的软体动物捡拾海岸附近居民切成两半的椰子壳也是为了这个用途。摄于印度尼西亚，北苏拉威西省，伦贝海峡，

（in alto: 上；in basso: 下；a sinistra: 左；a destra: 右；fronte: 封面；retro: 封底）

大自然的建筑师

图片来源

Nature Picture Library: Alex Hyde: 57 (a destra in alto); Andy Sands: 67; Ashley Cooper: 48-49; Bence Mate: 66 (in basso); Chien Lee/MInden: 43 (a destra); 56-57; Claudio Contreras: 18-19, 52-53, 55; Cyril Ruoso/Minden: 26, 74-75; Dietmar Nill: 94-95; Doug Gimesy: 38, 39; Edwin Giesbers: 16; Emanuele Biggi: 47; Graeme Guy/Minden: 45; Guy Edwardes: 98-99; Hans Glader/BIA/Minden: 59; Hermann Brehm: 78-79; Ingo Arnd/Minden: 22-23, 44, 46, 90-91, 98 (a sinistra), 100-101; Jabruson: 86-87, 90; Jan Hamrsky: 32, 33; Jean E. Roche: 81; Jen Guyton: 76-77, 80; Jose Luis Gomez de Francisco: 42-43; Kim Taylor: 1, 50-51, 60-61, 89; Lorraine Bennery: 49 (a destra); Mark Bowler: 66 (in alto); Mark Moffett/Minden: 14-15, 93; Markus Varesvuo: 37; Mike Potts: 84-85; Nature Production: 68-69; Neil Bromhall: 34-35, 36; Nick Upton: 20-21, 62, 72-73; Norbert Wu/MInden: 30-31; Olga Kamenskaya: 24-25; Oliver Richter/BIA/Minden: 64; Oriol Alamany: 63; Pascal Pittorino: 71; Paul Hobson: 65; Pete Oxford: 27, 96; Phil Savoie: 97; Philip Dalton: 70; Piotr Naskrecki/Minden: 92; Premaphotos: 72 (a sinistra); Roger Powell: 17; Solvin Zankl: 57 (a destra in basso); Suzi Eszterhas/Minden: 82-83; Sven Zacek: 10-11, 12; Thomas Hinsche/BIA/MInden: 40-41; Tui De Roy: 28-29; Wild Wonders of Europe/della Ferrara: 58; ZSSD/Minden: 54.

Copertina: Claudio Contreras (fronte); Adrian Davies (retro). Risguardo apertura: Shutterstock/frank60; risguardo chiusura: Shutterstock/ Sergey Uryadnikov.

动物世界的怪咖

图片来源

Nature Picture Library: Alex Hyde: 123, 133: 142-143, 144-145; Andy Sands: 140; Anup Shah: 166-167; Bence Mate: 120; Bert Willaert: 171; Chien Lee/Minden: 134-135; Chris & Monique Fallows: 154-155; Constantinos Petrinos: 151; David Fleetham: 156-157;David Shale: 6153(a destra); Edwine Giesbers: 112-113; Emanuele Biggi: 159; Fred Bavendam/Minden: 150; Georgette Douwma: 146-147; Igor Shpilenok: 107; Ingo Arndt: 141; Joao Burini: 130-131; Jurgen & Christine Sohns/Minden: 108-109; Kevin Schafer: 186-187; Kim Taylor: 136-137; Klein & Hubert: 188-189; Linda Pitkin: 153 (a destra); Lucas Bustamante: 102-103, 138-139; Mark Bowler: 116-117; Mark Carwardine: 110-111; Mark Moffett/Minden: 180-181; Martin Willis: 108 (a sinistra); Michael & Patricia Fogden/Minden: 139 (a destra), 172-173; Mitsuaki Iwago: 106; Nature Production: 179, 182-183; Nick Garbutt: 118, 119, 122, 128-129; Nick Upton: 124-125; Norbert Wu/Minden: 152-153, 161, 165; Paul Williams: 158; Pete Oxford/Minden: 174 (a sinistra), 174-175; Piotr Naskrecki/Mindn: 114-115, 136 (a sinistra), 178; Ralph Pace/Minden: 148-149; Richard Du Toit: 127; Rod Williams: 132; Roland Seitre: 104; Sandesh Kadur: 168-169, 170; Solvin Zankl: 160 (in alto e in basso), 162-163; Suzi Eszterhas: 190-191; Sylvain Cordier: 192-193; Thomas Marent/Minden: 176-177, 184; Todd Pusser: 185; Wim van den Heever: 121; ZSSD/Minden: 126.

Copertina: Ingo Arndt/Minden (fronte); Paul Hobson (retro). Risguardo apertura: Shutterstock/reptiles4all; risguardo chiusura: Shutterstock/Pascal Guay.

动物世界的冠军

图片来源

动物的智能

图片来源

本书中文简体版专有出版权由上海懿海文化传播中心授予电子工业出版社，未经许可，不得以任何方式复制或抄袭本书的任何部分。

版权贸易合同登记号　图字：01-2024-2489

图书在版编目（CIP）数据

美国国家地理. 万物有灵 / 意大利白星出版公司著；文铮等译. --北京：电子工业出版社，2024.6
ISBN 978-7-121-47916-8

Ⅰ. ①美… Ⅱ. ①意… ②文… Ⅲ. ①自然科学－少儿读物 ②动物－少儿读物 Ⅳ. ①N49 ②Q95-49

中国国家版本馆CIP数据核字（2024）第102115号

责任编辑：高　爽
特约策划：上海懿海文化传播中心
印　　刷：当纳利（广东）印务有限公司
装　　订：当纳利（广东）印务有限公司
出版发行：电子工业出版社
　　　　　北京市海淀区万寿路173信箱　邮编：100036
开　　本：889×1194　1/16　印张：24.25　字数：765千字
版　　次：2024年6月第1版
印　　次：2024年6月第1次印刷
定　　价：158.00元

凡所购买电子工业出版社图书有缺损问题，请向购买书店调换。若书店售缺，请与本社发行部联系，联系及邮购电话：（010）88254888，88258888。
质量投诉请发邮件至zlts@phei.com.cn，盗版侵权举报请发邮件至dbqq@phei.com.cn。
本书咨询联系方式：（010）88254161转1952，gaoshuang@phei.com.cn。